房地产评估发展丛书

深圳福田中心区（CBD）规划评估

陈一新 刘 颖 秦俊武 ◎著

人民出版社

责任编辑:高晓璐　周文婷

图书在版编目(CIP)数据

深圳福田中心区(CBD)规划评估/陈一新,刘颖,秦俊武 著. —北京:
　人民出版社,2017.8
ISBN 978－7－01－018012－0

Ⅰ.①深…　Ⅱ.①陈…②刘…③秦…　Ⅲ.①城市规划-评估-深圳
　Ⅳ.①TU984.265.3

中国版本图书馆 CIP 数据核字(2017)第 197401 号

深圳福田中心区(CBD)规划评估
SHENZHEN FUTIAN ZHONGXINQU(CBD)GUIHUA PINGGU

陈一新　刘颖　秦俊武　著

人民出版社 出版发行
(100706　北京市东城区隆福寺街 99 号)

北京尚唐印刷包装有限公司印刷　新华书店经销

2017 年 8 月第 1 版　2017 年 8 月北京第 1 次印刷
开本:710 毫米×1000 毫米 1/16　印张:16.25
字数:246 千字

ISBN 978－7－01－018012－0　定价:72.00 元

邮购地址 100706　北京市东城区隆福寺街 99 号
人民东方图书销售中心　电话 (010)65250042　65289539

《房地产评估发展丛书》总序

柴 强

　　深圳市房地产评估发展中心立足于深圳这座改革之城，开放之城，创新之城，伴随着中国房地产业的发展，历经近30年的专业求索之路，已成长为中国富有特色的房地产评估与研究的专业机构，为深圳市、广东省乃至国家的房地产、城乡规划和国土资源事业的发展做出了突出贡献。本次受邀为其《房地产评估发展丛书》作序，深感欣慰与荣幸。

　　举凡以"丛书"之名刊印的研究成果，无论是自然科学的还是社会科学的，多是一定专业领域的新发现、新探索和新成果的知识集成，着重于通过不同维度、不同视角的科研工作，探析特定领域的本质规律，刻画专业知识的演进背景与过程，展现蕴含其中的理性精神与科学内核，激发人们从尽可能的深度和广度去思考人类社会的发展与变迁趋势。

　　房地产价格、价值等的评估与研究，是一个既古老又新兴的问题，与人们的生产生活息息相关。现存的岩画、石刻等史前遗迹和相关史料，都有关于人类祖先对洞穴、猎场和水源等不动产保护和分配的重要记录。市场和交易的出现，赋予了房地产评估发展的土壤。但在漫长的农业文明中，交易者更多依靠自身摸索的经验和继承的常识，来达成用以实现土地和房屋交易的价格。直到古典经济学派对价值理论的系统研究和讨论，并经奥地利学派，最终由新古典综合学派构建了市场均衡理论，才为房地产评估提供了理论支点，同时关于房地产交易行为、市场趋势和制度规则的研究也与房地产评估日益交融，密不可分。进入20世纪，以英美为代表的房地产行业制度逐步完善，专业领域不断细分，专业组织不断涌现，基于房地产评估理论的专业教育与培训得以发展，开启了评估实务的规范化与标准化，经过整整一代房地产评估研究者和评估师的杰出工作，于20世纪中叶形成了沿用至今的现代评估方法、程序等规范和标准的技术体系，并在后续的评估实务中，不断纳入新的分析方法和统计工具，不断丰富和完善了更为规范的理论基础。 近年来，随着计算机、网络信息和地理信息技术的发展，房地产评估领域不断融合新技术、新思想；随着房地产金融、资产及衍生品定价的理论研究和实务发展，不断拓展领域的边界，尤其是在企业并购、金融产品交易和财产税征收方面，房地产评估得到空前的重视与应用。

不能忽视的是，正因为房地产评估在社会经济发展中获得日益广泛的应用与凸显的重要性，长期以来伴随的批评更应予以关注和重视。尽管规范和标准的技术体系，极大提升了评估实务的效率，但也导致了从业人员沉溺于数学公式的形式和工具的机械运用，而不再热衷于对公式的理解和探求价值实质的无偏估计。进一步的危险还在于评估者与委托人之间固有的利益博弈中，呆板数学公式和程序化统计工具的存在，更易导致评估者忽视最新市场数据的应用，不再强调充分的市场数据搜集和确保数据质量的严肃性，而是更倾向于基于委托人的偏好进行机械的价值估计，估计偏差无法避免， 因而加剧了"道德风险"。

我国房地产估价行业发展的时间虽然较短，但非常迅速，并具有十分重要的作用。在前人探索的基础上，我们建立符合国情的评估技术体系具有一定的后发优势，但在这个过程中，如何避免上述提到的技术陷阱，则是要认真面对和深思的，尤其是在近年房地产业对国民经济和民众生活所产生重要影响的背景下，房地产市场调控与管理，房地产金融风险防范和房地产税制改革等方面，都对房地产评估产生了重要的需求，如何保证房地产评估的公允性，而不被相关行业利益渗透和绑架，显得十分重要。

令人欣慰的是，深圳市房地产评估发展中心在近年的实务工作和理论研究中，特别重视上述问题。该中心积多年的工作经验，以"评估"为核心，以"研究"为基础，以完全产权的市场商品房、政府和社会提供的保障性住房、用以土地整备的拆迁房屋、游离于市场之外的违法建设房屋作为房地产评估的四个纵向维度，并将房地产市场研究、住房保障规划、房地产法律制度设计、房屋地质环境安全、市政基础工程配套作为房地产研究的五个横向层级，相互耦合成一个全方位的用以评估与研究的整体"房地产标的"，同时进一步融合与整合了近年来深圳市在地理信息系统与住房信息平台建设方面的成果和资源，通过彼此间"地、房、人"的大数据交互，有效地对房地产进行系统的评估与研究，将特定的需求内置于这一整体模型的逻辑范式中，而整体模型的操作与发展则依赖于各专业方向的数据更新频次与数据质量保障，由此，一定程度上跳出了束缚于既定数学公式和统计工具的技术藩篱。而不同维度和不同层次的研究工作，又进一步细致刻画和解构了房地产的发展全景，无论对于实务还是理论的发展，可以说具有里程碑的意义。

应该说，像深圳市房地产评估发展中心这样由实务工作和应用研究起步，对房地产评估方法的理论体系有所创见和贡献的专业机构或社会公共服务组织，在国内尚十分难得。如今，该中心将多年来的研究成果结集出版，既是对自身成绩的展示，也是其所应承担的社会公共服务职能的内在要求。向社会传递专业领域的思想和成果，将专业工作打造成吸引专业人才和服务社会的一项事业，还是其多年秉承"专业铸就价值"理念的一种体现。我衷心希望这套丛书的出版，既能为社会传递改革创新的正能量，促进行业发展，更希望深圳市房地产评估发展中心能以此为新的起点，进一步提升自身的专业优势，在房地产评估与研究领域做出更卓越的贡献。

（作者为中国房地产估价师与房地经纪人学会副会长兼秘书长，经济学博士，研究员，国务院批准享受政府特殊津贴专家，住房和城乡建设部房地估价与房地产经纪专家委员会主任委员。）

序

　　近年来，城市规划、城市设计、规划实施在城市建设中的作用越来越受到各级政府的重视，准确把握规划定位，提升城市设计水平，做好规划评估，对于提升规划实施质量，提高规划管理水平，具有重要的现实意义。在中国改革开放三十多年规划建设成果的基础上，深入开展规划评估，动态总结经验和反馈问题，及时优化改进规划编制内容，加强规划实施过程的监管，保证规划实施效果，推进城市规划对社会经济和环境发展的整体提升作用，对于中国新型城镇化建设持续健康发展，具有深远的历史意义。

　　深圳三十五年规划建设取得的成就，已成为世界城市建设史上的奇迹。作为改革开放的试验田，深圳特区在城市规划建设、土地使用制度改革等实践中一直发挥着排头兵作用。当前在国家新型城镇化建设中，深圳规划评估将再次开拓创新，特别是福田中心区在总结前三十年规划建设历史经验的基础上，首次进行规划评估的先行先试，是国内继杭州钱江新城规划实施评估之后的第二个实例。

　　从深圳多中心城市结构演变历程来看，福田中心区是继罗湖中心区之后政府规划的新市中心。因罗湖中心区是在原宝安县城基础上改建的，而福田中心区是从当年福田公社的一片农田上从"零"开始规划构想，完全按照规划蓝图实现了特区中心的规划定位。它不仅结合国情创新了行政文化中心与商务中心的定位融合，而且随着建设发展需求，及时增加了交通枢纽中心的功能。迄今，福田中心区已经建成了深圳行政文化中心与商务中心和交通枢纽中心的新市中心，是国内较早实施的 CBD 与高铁站无缝连接的城市中心区。截至 2015 年底，福田中心区已建成建筑面积 1100 万平方米，完成规划总量的 90%，就业人口约 18 万，居住人口约 2 万人。建成了以金融为主的 CBD 地区，实现了高端服务业的集聚，并已成为深圳经济产值的高地。福田中心区不仅扩展了城市中心，显示了 CBD 经济规模效应，逐步形成对人流、物流、资金流、技术流、信息流的集中及融合效应，并产生了环 CBD 的经济辐射效应。因此，此次对福田中心区进行规划评估，把握了较恰当的时机。福田中心区是国内几十个商务中心区（CBD）规划建设中较完整较成功的实例之一。

本书研究对象——深圳福田中心区，它是中国快速城市化进程中商务中心区建设热潮中诞生的一颗明珠，同时也是城市规划理论和实践在成功引导和控制城市建设发展中的标准样本，在深圳市城市规划发展中有着里程碑意义，在全国城市详细规划和城市建设中有着典型示范作用。简言之，中国要总结近几十年城市规划建设的经验教训，绕不开深圳，深圳绕不开福田中心区。深圳特区规划建设的快速成功发展，是福田中心区规划实施的大背景和前提条件，同时，福田中心区成功的规划实施也促进了深圳社会经济环境质量的提升。深圳规划建设历史值得研究。在 2015 年出版《深圳福田中心区（CBD）城市规划建设三十年历史研究（1980—2010）》和《规划探索——深圳中心区城市规划实施历程（1980—2010）》的基础上，陈一新和刘颖、秦俊武合著出版《深圳福田中心区（CBD）规划评估》，进一步定量研究福田中心区规划实施后对社会经济环境的综合效应，既是对福田中心区规划建设的阶段性总结，也是对深圳城市规划历史研究的贡献，可喜可赞。

本书以福田中心区为例对城市详细规划实施评估展开研究，及时总结并评价中心区规划编制及实施效果，探索构建城市详细规划评估的技术体系，对完善中国城市详细规划评估理论体系，指导中国其他城市中心区规划评估实践都具有重要的参考价值。希望此书可为国内其他城市的规划评估和规划建设管理提供有益参考。

2016.8.26.

中国科学院院士

东南大学建筑研究所所长、教授、博士生导师

前　言

建造新城、新市中心，或 CBD（Central Business District，即中央商务区），是近三十年来中国城市建设较常见的方式，深圳福田中心区（CBD）是诸多新市中心的一个。

中国当代城市规划建设，如果以 1980 年为分水岭的话，当年中国城镇化水平为 19%，之前是计划经济年代，国有土地无偿划拨无期限使用，城市化进程缓慢；之后改革开放，计划经济逐步向社会主义市场经济转变，根本改变了土地无偿无期限使用的制度，城市建设资金由财政投资的单一来源变为政府企业民间等多元化投资渠道，加快了城市化速度，2015 年城镇化率提升到 56%，为此，城市规划的管理体制也相应改变，由政府"大包大揽"转变为政府和市场合作分工的建设模式，以适应市场经济发展需要。近十几年来，国内社会经济文化各方面取得令世人瞩目的成就，但作为发展空间载体的城市规划建设行业却承担着越来越大的压力，面临诸多问题，特别是详细规划管理再次走到了"十字路口"——是刚性多一点，还是弹性多一点？哪些为刚性内容，哪些为弹性内容？许多城市都在探索前进道路。我们作为改革开放的前沿城市——深圳的规划建设工作者，通过近几年来的思考，尝试从规划评估入手，找出详规编制和实施的根源问题。

深圳城市规划建设的历史经验显示，总规对城市的规划定位总是高瞻远瞩和理念超前，政府一旦管好了城市大的结构框架和公共产品（城市定位、市政道路交通、公共配套设施、公共空间的城市设计等），并营造公平竞争的法制环境和良好生态环境，那么，市场经济发展和产业升级都是水到渠成的事，市场总是最敏感反映也最快。而详规往往滞后于市场需求，近十几年来，城市规划一直受到社会公众和市场投资者的质疑，如规划编制内容的科学合理性，规划审批控制的刚性内容过多及弹性不足，规划有时"刻板"，有时又"随意"修改等都是详规问题。事实上，政府只须管好总体规划、分区规划、市政道路交通、公共配套设施、公共空间景观和生态环境等，其他详规管理内容可在城市大的结构框架不变的前提下，根据市场发展需求采用协商机制动态调整。市场期待政府管好城市的公共产品和公共服务，给市场经济发展留足弹性空间和活力。但由于详规管理内容的任何改变都需要法律依据，修改法律条款又是一个漫长过程，最终结果表现为详规管理总是跟不上市场经济发展的步伐。究其原因，详规缺乏从编制、实施到评估的"自循环"反馈机制，详规刚性内容过多，管控内容相对"一成不变"，至此，我们不能再用 20 世纪的规划方法来解决 21 世纪的规划问题。我们必须彻头彻尾地查找详规不适应市场经济需求的根源，特别是对详规编制内容、方法、过程、成果、实施、评估等环节，采用"倒逼"机制，从"评估"末端环节入手，通过规划评估诊断规划管理全过程的问题，推动问题的有效解决。因此，规划评估既是手段，也是动力。通过规划评估，既评估规划实施成效，也反馈修正规划编制内容及实施机制，根本改变详规审批难、实施难的窘况，实现规划质量和实施效应"双提升"。由此可见，客观上要求我们开展"详规评估"这项开创性的研究工作，主观上希望借助深圳福田中心区规划评估，探索详规评估的理论、方法、途径，让"规划编制→规划实施→规划评估→规划修编"的过程不断循环、螺旋式上升，以此形成从规划编制到规划实施的一条良性循环路线。

　　详规需要评估，但具备规划评估的充分必要条件的实例并不多，它必须具备较完整的从规划编制到实施的历史资料，需要对历史资料进行积累和梳理，需要长期对实施进程跟踪研究，需要统计和分析调查数据等。中国近二十年来，大中城市至少规划建设了四十多个新区或 CBD（Central Business District），但能够完整记载 CBD 规划建设历史，并对建设成果分阶段评估的实例寥寥无几。即使深圳是三十五年规划建设的年轻城市，但具备上述充分必要条件的实例也不多，福田中心区恰好具备了规划评估条件。福田中心区的规划建设成果承载了几代深圳市领导和市规划国土局领导高瞻远瞩的使命，凝聚了众多规划师、建筑师的集体智慧及建设者的心血汗水，使福田中心区"幸运"地按照规划蓝图实现了以金融贸易为主导产业的真正意义上的 CBD，它是深圳特区成功建设的典范。今天，我们有机会对福田中心区进行历史资料的收集、总结和建设成果的评估，十分感谢为深圳特区规划建设作出贡献的前辈和同行们。本书能够在前人规划建设成就的基础上，在福田中心区城市规划建设三十五年历史研究的基础上，进行规划评估，既是为了福田中心区明天更美好，也是为了深圳城市规划更上一层楼。

深圳福田中心区（CBD）位于原特区中心位置，城市建设用地面积约4平方公里，北靠莲花山公园（占地约2平方公里）。福田中心区从1980年特区总规构想，到1992年首次详规编制，到1994年开始市政道路建设，再到2015年基本建成以金融贸易为主导功能的商务中心、行政文化中心和交通枢纽中心，这是一个完全按规划蓝图建成的城市中心区，是国内新区或CBD规划建设中较成功的实例。福田中心区成长过程的每一个阶段和每一步脚印都被完整地记载于《深圳福田中心区（CBD）城市规划建设三十年历史研究（1980—2010）》和《规划探索——深圳市中心区城市规划实施历程（1980—2010年）》等有关研究资料中，这是对福田中心区进行规划评估的前提条件。本书作者在2015年《深圳市中心区规划实施综合效应评估研究报告》课题成果的基础上，对内容做了大幅度地修改和调整，首次出版此书，不仅是对福田中心区规划实施的首次评估，也是深圳城市规划史上的首例详规评估。此书将给福田中心区规划建设三十五年历史研究画上一个阶段性"句号"，同时也象征着福田中心区新的发展篇章即将开启。

这是深圳城市规划史上的首次详规评估，也是福田中心区规划实施后的首次规划评估。如何进行福田中心区规划评估？应该评估哪些内容？这是我们首先思考的问题。首先考虑的是需要对中心区建成后产生的经济效应数据进行定量研究；其次考虑中心区建成后形成的社会效应；接下来考虑中心区建成后形成的环境效应。由此展开的社会经济环境三方面评估的初步成果出来后，又吸取了专家评审意见，增加了对中心区规划成果和实施过程的评估。最后确定对福田中心区进行规划成果，规划实施过程，规划实施后社会、经济、环境等五方面评估。本次福田中心区规划评估在借鉴国外规划评估理论和实践的基础上，首次应用传统统计数据与GIS技术和大数据收集分析相结合的方法，使城市规划理念紧跟现代大数据时代高技术方法，既是对详规实施评估的探索，也是寻求城市规划和社会经济产业研究的跨界融合的发展道路。

土地经济价值评估是规划评估的重要内容，规划实施总是伴随着土地管理制度的改革。深圳特区一直是中国改革开放的排头兵，其城市规划和土地制度的改革始终相依相随，互动前行。深圳三次总体规划（1986年版、1996年版、2010年版）反映了特区社会经济产业的阶段性成果和未来发展目标，三次总规的实施也同样伴随着深圳土地制度的改革。例如，1986年版总规在深圳开创了土地拍卖制度（1987年）及国家宪法修改实现土地使用权和所有权的分离（1988年），使土地使用权的有偿有期限出让在合法化的社会背景下得以较好地实施。1996年版总规在深圳建立起土地有形市场（1998年）、实现了经营性用地的完全市场化配置背景下较好地实施。2010版总规促进深圳土地二次改革和城市更新的用地逐渐大于新增用地，至2012年起存量土地大于新增土地的背景下逐步实施。福田中心区是1996年版总规实施过程中新区（CBD）规划建设的典型实例。深圳详规编制和实施管理的改革也同样需要结合土地二次开发、存量土地的使用管理制度的创新密切相关。实际上，城市规划离不开土地管理，规划评估也离不开土地利用和价值评估。

为了保证福田中心区规划评估的公正性和评估结果的有效性，本次评估在评估主体、评估内容、评估方法和评估时点选择上都进行了全面考虑。首先，评估主体多元化和公众参与，包括规划管理部门、法定机构（深圳市房地产评估发展中心）和企业（深圳市建筑科学研究院股份有限公司），还有众多专家和社会公众等多方参与此次规划评估。其次，评估内容较广泛全面，包括规划成果评估、规划实施过程评估以及详规实施后经济、社会和环境综合效应等五方面评估。最后，评估方法借鉴了国内外规划评估的理论方法。评估时点选在福田中心区规划实施超过二十年的2014年，规划实施后的综合效应已经呈现的良好时机。

鉴于我国城市规划评估工作刚刚起步，总体规划评估已有法律依据。2008年《中华人民共和国城乡规划法》第四十六条明确规定应对总体规划实施情况进行评估，2009年《住房和城乡建设部在城市总体规划实施评估办法（试行）》对总规评估的必要内容和实施程序作了进一步规定，表明我国已经开始重视总规评估工作。但详规评估尚未立法，也缺乏相应的管理办法和技术标准。因此，我们必须创新详规评估的方法和体系，本书明确福田中心区规划评估的初级目标是检验该片区规划目标的实现程度；评估的高级目标是创新探索详规评估的内容方法和机制，希望建立一个从详规编制到详规实施的良性循环机制，并期待此机制能列入《深圳城市规划条例》，使详规评估具有深圳地方立法的法律地位，促进详规评估的常态化应用和实践。相信未来还会有更多类似的规划评估实践，特别是城市规划管理工作一旦能跟上大数据时代步伐，就能为规划评估提供更加高效的数据服务平台，为市场经济发展和人们生活需求创造更美好的社会经济环境。

陈一新

2017 年 3 月

凡　例

1. "规划评估"可分两大类——总体规划评估和详细规划评估。本书所称"规划评估"，重点指详细规划评估，简称"详规评估"。

2. "详规评估"可分三种——详规实施前评估、详规实施过程评估、详规实施后评估。

3. 本书对福田中心区规划评估，属于详规评估，兼顾了详规实施前规划成果评估、详规实施过程评估、详规实施后社会经济环境效应等三种内容的综合评估。

4. 环境效应评估，是对详规实施后形成的室外物理环境效应的测试评估，具体包括室外风、热、声、光四种物理环境的模拟、测试及评估。

5. 书中所用货币单位通常为人民币，有特别标注的除外。

Contents

目 录

第一章 详规评估的缘起

第一节 评估目的和意义

一、亟待建立详规评估工作机制

改革开放后的几十年是中国城市经济社会发展最为迅速的年代，也是中国城市规划法制化体系逐步建立的时期。随着中国城市化进程的推进，城市规划也经历了从计划经济向市场经济的转变，在此过程中，规划有时引领市场发展，有时滞后于市场需求。特别是近十几年来，市场经济发展十分迅速，但规划编制内容和实施方法已明显滞后，呈现出"沿用 20 世纪的城市规划理论来指导 21 世纪的城市规划建设"的典型特征①。因此，城市规划亟须自我检讨，不仅从规划编制内容到规划实施方法，而且应建立城市规划评估制度，逐步构建规划编制、规划实施、规划评估的良性循环体系。

（一）缺乏"详规评估"工作的法律规范

规划评估是规划管理过程中一个不可缺少的环节，是检测规划实施效果的重要手段，评估结果是修正规划编制内容和规划实施方法的依据。近年来，国家相关法律文件明确了各城市进行规划评估的必要性，但现有规划评估理论和实践侧重于城市总体规划评估（简称"总规评估"），而较少对城市详细规划评估（简称"详规评估"）。我国 2008 年起施行的《中华人民共和国城乡规划法》，从法律层面明确了应定期对总体规划实施情

---

① 张庭伟：《20 世纪规划理论指导下的 21 世纪城市建设——关于"第三代规划理论"的讨论》，《城市规划学刊》，2011 年第 3 期。

况进行评估的必要性。2009年住房与城乡建设部出台的《城市总体规划实施评估办法》，又进一步明确了总规实施评估的工作机制、程序及评估内容，推进了总规实施的定期评估工作。然而，对于详规评估，虽然规划学界和管理部门已有一些相关探索，但至今尚未出台相关法律法规和技术规范。因此，本书开展详规评估研究，着重评估深圳福田中心区规划编制、实施过程及其实施后社会经济环境综合效应，有利于创新推动详规评估体系的建立。

（二）建立详规全过程管理框架

详规评估是指在编制、实施及后续过程中，对其进行事前、事中、事后的全过程持续监测，并在固定的阶段利用事先约定的评价指标对监测的结果进行评估。再通过详规评估反馈，即比照规划实际效果与规划原定的阶段目标的偏差，对规划的政策、指标、实施方式等进行调整优化，如图1-1所示。其核心是对已付诸实施的规划在各个特定的实施阶段所产生的实际效果和发挥的实际作用进行评估。详规评估通过规划监测反馈至详规实施阶段，通过规划调整与规划修编阶段相衔接，是一个连贯和持续的过程，应有机地贯穿到从规划编制和详规实施的全过程中。因此，要建立详规全过程管理的理念及其框架示意，并有详规评估工作的法律保证及规范标准，才能开展真正意义上的详规评估。

图1-1　详规全过程管理框架

二、跨界合作评估

随着近几年社会经济形势的迅速变化，特别是"互联网+"时代的到来，详规评估不仅涉及城市规划学科，而且涉及建筑设计、城市经济、土地管理、地理信息系统、大数据分析等多学科领域的理论知识和技术方法。本课题的研究非常注重学科的交叉与融合，从研究团队构成来看，知识结构合理，学科分布广泛，其专业方向覆盖城市规划、土地评估、房地产评估、房地产投资、产业投资、城市经济、土地管理、地理信息系统、绿色建筑、大数据分析等专业领域。研究中多学科理论知识和技术方法的应用，充分体现了现代城市多元化发展的需求，实现城市详规评估中不同专业领域的跨界合作。

三、评估目的和意义

"事实上，在一个完整的规划行为中，决策、实施、评估、反馈等程序是同等重要的，只有通过这些程序的循环，才能保证一个规划的顺利完成。"①

（一）评估目的

当前，针对详规评估体系和技术手段的不足，给城市后续的规划建设和经济社会发展带来了诸多不确定性。本书研究以福田中心区为样本，对其规划编制，实施过程和实施后经济、社会和环境效应展开系统研究，以期能够提供一个针对详规评估的基本分析框架。

本书研究的总体目标为三个方面。第一，探讨详规实施评估的技术框架，第二，构建详规实施效应评估的技术体系，第三，以福田中心区为例对详规实施30年后的社会、经济、环境综合效应进行评估。

（二）评估意义

对福田中心区详规评估展开研究，具备一定的理论和实践意义。从理论上看，针对当前城市详规评估研究不足的现状，展开对城市详细规划中的规划文本评估、详规实施过程评估以及详规实施后的社会、经济、环境效应评估等方面的研究，探讨详规评估的基本框架、技术方法和手段，是对现有城市经济理论和城市详规评估体系的进一步完善。从实践上看，以福田中心区为样本的城市详规评估，其本身的意义不仅仅在于客观评估福

① 赵蔚、赵民、汪军、郑翰献：《空间研究11：城市重点地区空间发展的详规实施评估》，东南大学出版社2013年版，第61页。

田中心区规划建设 30 年成就，反思和指导福田中心区规划实践，更为重要的是，其研究过程和成果有助于我们构建完整的针对详规评估的实证模型和指标体系。另外，研究成果对其他城市新区和 CBD 建设的规划编制及实施同样具有重要的借鉴意义。

第二节　评估内容和方法

一、本书的主要内容

（一）研究详规评估的重点内容和方法

详规评估研究内容和方法主要应回答以下几个问题：

"1. 规划是否被执行了？并且多大程度上按照规划执行的？2. 成本是什么？由谁支付成本？是否属于规划内的成本？3. 规划是否被有效地执行？4. 成果有哪些？并且谁受益于这些成果？5. 哪些因素促进或者阻碍了规划目标的实现？这些因素可能是社会、经济、政治或者其他各个方面。为了回答以上这些问题，综合评估方法引入了六个方面的基本内容：1. 对相关的公众和他们的预期目标进行界定。2. 对规划本身以及其实施内容的描述。3. 实施过程的监测（基于投入和产出的监测）。4. 实施过程评估。5. 对所实现的成果的衡量。6. 从不同视角评估规划的成果。"[①]

（二）福田中心区详规实施评估

本书以福田中心区为研究实例，重点针对福田中心区的规划编制文本、实施过程及其详规实施后社会效应、经济效应、室外物理环境效应等五个方面开展详规评估。福田中心区的研究内容主要确定为以下几方面：

1. 详规评估的理论基础和实践经验借鉴。首先通过对经典理论如公共政策评估理论、可持续发展理论、规划外部性理论和城市空间要素流演化理论进行梳理、归纳和总结，构建本书研究所需的理论支撑。其次对国内部分详规评估实践进行梳理，总结当前国内详规评估中存在的问题以及经验。

[①] 赵蔚、赵民、汪军、郑翰献：《空间研究11：城市重点地区空间发展的详规实施评估》，东南大学出版社 2013 年版，第 29 页。

2. 对本书实证研究的基本对象福田中心区详规实施进行简单介绍，从地理位置、发展现状、中心区规划编制及实施的基本历程等方面进行简单介绍。

3. 探讨中心区规划文本和详规实施过程评估的方法。从评估的目的与意义、评估的基本内容、指标体系的建设、评估的核心方法等方面展开研究。

4. 探讨中心区规划经济、社会和环境效应的评估。主要包括探讨评估的目的与意义、核心内容和指标体系、技术方法、实证应用等。其中，对中心区详规实施的经济效应评估主要集中在区域生产总值、投资水平、产业发展、资产价值、溢出效应等领域。对中心区详规实施的社会效应的评估主要集中在人口、就业、公共设施和基础设施、收入与支出等领域。对中心区详规实施的室外物理环境效应评估主要从风环境、热环境、光环境、声环境四大方面展开。

二、评估方法

（一）历史研究法

历史研究法是运用历史资料，按照历史发展的顺序对过去事件进行研究的方法。亦称纵向研究法，是比较研究法的一种形式。城市详规评估中的历史研究法，是通过系统搜集和深入分析关键时点某些城市规划事件发生、发展和演变的历史事实，揭示这些事件发展规律的一种研究方法。

在福田中心区详规评估中，历史研究法是非常重要的一种研究方法。首先，我们要通过规划史料搜集的方法来梳理中心区整个详规实施历程，厘清其基本的历史脉络，掌握其关键的时间节点和特征事实，从而在整体上对福田中心区规划建设成效有一个宏观准确的把握。其次，对福田中心区规划的评估还需要我们从既定的历史事实中，运用历史研究方法搜集各类数据，并进行逻辑加工（如推理、判断等），实现从"纯粹的抽象理论的形态到鲜活的数据支撑"的评估模式的转变。最后，运用历史研究的方法，结合福田中心区详规评估结论，可以客观总结福田中心区规划的得与失，实现对既往城市规划编制及实施的反思。

（二）规范分析结合实证分析法

运用规范分析方法主要回答的是"应该是什么，应当怎么样"的问题。将规范分析方法运用于城市详规评估，就是要根据一系列准则和指标，来分析和判断当前城市规划的实施成效是否与期望值相符合，城市开发建设是否很好地体现了城市规划思想，如果不符合，那么应当如何调整。在某些程度上，规范分析的方法与定性分析相辅相成。实证研究就是按照事物的本来面目来描述事物，说明研究现象"是什么"或者"究竟是什么样"的。将实证分析法运用于城市详规评估，就是通过运用特定的指标、数据和专门的技术手段，对既往城市详规实施后城市经济社会发展的具体情况进行分析与描述，厘清城市规划活动实际上是一种什么样的活动，它对一个城市或地区的经济、社会和环境已经产生了什么样的影响以及将来会产生什么样的影响等。

　　实证分析法和规范分析法实际上是两种相互联系、同时又相互区别的研究方法。在城市详规评估中将两者结合起来使用，既可避免在运用规范分析方法研究某些问题时，主观臆断造成的倾向性判断问题，又可避免在进行实证分析时，因数据或事实不足而造成的准确性不够的问题。

　　（三）定量与定性结合分析法

　　定量分析是通过对研究对象进行数量挖掘，对其数量特征、数量关系与数量变化展开系统分析的过程，其功能在于揭示和描述该事物内部与外部的相互作用和发展趋势。定性分析就是对研究对象进行"质"的方面的分析，通过运用归纳演绎、抽象与概括等方法，对获得的各种材料进行思维加工，从而能去粗取精、去伪存真、由此及彼、由表及里，达到认识事物本质、揭示内在规律的过程。在实际研究中，定性分析与定量分析通常结合使用，二者是统一的，相互补充的。

　　在详规评估中，由于评估的内容广泛——涉及城市详细规划文本、详规实施过程和详规实施的经济效应、社会效应和环境效应评估，且不同的内容评估的目标和技术方法也不同，因而必须采用定性分析与定量分析相结合的方法。对于能够获取评估数据的内容，可以借助数据进行定量分析，达到精确评估的目标。而对于无法获取评估数据的内容，为了达到评估目标，则必须利用定性分析的方法，通过归纳演绎、抽象概括的方法来对评估对象进行系统的描述和分析，从而得出科学、客观的评估结果。

三、评估技术路线

（一）树立详规全过程评估的思路

在树立详规全过程评估理念的基础上，评估的基本框架也应覆盖规划的编制和实施，包括规划文本评估、详规实施过程评估和详规实施后综合效应评估。

规划文本评估实质是规划成果的质量评估，是对规划文本的完整性、逻辑性、可行性、指导实施性以及与其他相关规划的协调性等进行综合评价。规划实施过程的评估一方面要从总体上进行定性评估，主要内容涵盖详规实施的环境适应性、政策保障、资源保障、运作机制等进行评估。另一方面，还要结合规划设定的目标和详规实施的现状，通过比较研究的手法进行定量分析，来评估详规实施的现状。详规实施后综合效应评估是针对详规实施所产生的经济效应、社会效应、环境效应的综合评价，并依据评估结果对规划的修编或新一轮规划的编制提出建议。

依据不同的评估过程，还要进一步确立评估内容和指标体系。规划文本评估、实施过程评估和实施后综合效应评估三大板块的评估构成详规评估的基本框架，但是每一过程的评估还要确立与评估目标相关联的评估内容，并将内容进一步细分为可以操作的指标体系。从"框架——内容——指标体系"层层递进的基本形式才能使详规评估真正落到实处。

（二）福田中心区详规实施评估技术路线（图1-2）

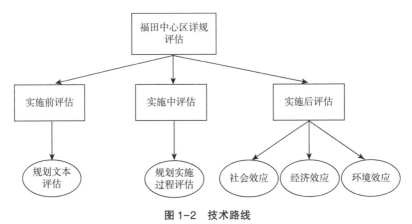

图1-2　技术路线

第三节　福田中心区详规评估的缘由

一、福田中心区评估的必要性和可行性

（一）选择福田中心区评估的必要性

深圳福田中心区是中国城市化进程最早提出建设 CBD 的一个实例，是深圳城市详规实施的"幸运儿"。从深圳特区发展历史来看，它是城市规划理论和实践成功引导和控制城市建设的典型样本。深圳改革开放 35 年，大致可分为两个阶段：前 15 年是建立特区打基础的一次创业阶段；后 20 年是深圳社会经济环境全面提升的二次创业阶段。福田中心区是深圳二次创业的空间基地，是按照城市规划蓝图较完整实施的深圳 CBD，它深深地打上了深圳 20 世纪 90 年代规划建设特征的时代烙印。因此，有必要对福田中心区规划编制、实施过程及其实施后社会经济环境综合效应开展评估，通过"解剖麻雀"的方式来反思城市规划建设的成效。

"实施后评估，即发生在详规实施以后的评估行为。实施后评估的主要目的是获取详规实施后的效果，是一个对整个详规实施过程的考查。与实施前评估不同的是，实施后评估所关注的问题可能涉及各个方面，既包括了规划目标的实现程度，也涉及规划所获得的成果是否合理分布。与实施前评估相对应的是，实施前评估对规划是否能够实现目标是一种前瞻性的预测，而实施后评估对规划是否实现了目标则是回顾性的总结。"[1] 现对深圳福田中心区详规实施后评估，即包含了规划成果、详规实施过程及详规实施后的社会、经济、环境等多方面综合效应的评估。

（二）选择福田中心区评估的可行性

福田中心区完全按照规划蓝图实施，这是城市规划建设实例中不常见的样本。1980 年深圳经济特区城市发展纲要明确指出：福田中心区（原皇岗区）的规划功能定位为吸引外资的工商业中心，规划布局对外的金融、贸易、商业机构办公，定位为繁荣的商业区。其实，该纲要已经规划定位

---

① 赵蔚、赵民、汪军、郑翰献：《空间研究 11：城市重点地区空间发展的详规实施评估》，东南大学出版社 2013 年版，第 16 页。

福田中心区是以 CBD 功能为主的商业中心区。只不过当时国内尚未出现"CBD"的提法。随后，深圳特区总规、福田中心区概念规划、详细规划、市政工程规划建设以及政府投资的六大重点工程建设引领了市场对 CBD 的投资建设。纵观中心区发展过程发现，在中心区的前期第一、第二阶段，政府成功起到了对规划和公共设施投资的引领作用。在后期，市场投资不断把中心区建设引向新的高潮，特别是 2005 年至 2014 年的 10 年内，由于深圳金融产业的创新发展，福田中心区在深圳市社会经济发展中的地位迅速提升。诸多国内外知名金融企业和机构在福田中心区二次创业的浪潮中，有着较为强烈地在福田中心区开展总部办公的需求。恰好福田中心区预留储备了十几块商务办公用地，能够较好地满足这些金融机构发展总部经济的诉求，因此福田中心区能够在这一段深圳金融鼎盛发展的时期成功建设成为深圳金融主中心。福田中心区，这样一个从规划到建设仅 30 多年历程的城市空间区域，其建设成果近十几年来得到中外许多学者的关注，也有一些出版书籍，使福田中心区这段规划建设历史和资料能够较完整地被记载下来。

福田中心区 30 年来不仅已经实现了从规划蓝图到现实建成的梦想，而且拥有详细记载的历史资料及若干本出版的书籍，例如，2006 年 9 月中国建筑工业出版社出版的《中央商务区（CBD）城市规划设计与实践》中第五章第六节"深圳 CBD 城市规划设计与实践"为福田中心区最早的出版书籍内容；2015 年 3 月海天出版社出版《规划探索——深圳市中心区城市规划实施历程（1980—2010 年）》汇集了福田中心区规划建设 30 年来的大事记；2015 年 6 月东南大学出版社出版《深圳福田中心区（CBD）城市规划建设三十年历史研究（1980—2010）》认真研究了福田中心区规划建设历史的三个层面："白描型历史研究"（附录）——深圳福田中心区城市规划建设 30 年记事；"反思型历史研究"（第二、三章）——分析了福田中心区规划建设的机遇和优势条件，研究其开发建设管理模式，反思其规划编制和规划实施效果，总结其经验教训；"哲学型历史研究"（第五、六章）——创新提出城市中心区规划编制内容"六六八"理论及规划实施管理模式，并首次对福田中心区规划实施效果进行评价。上述资料以及其他相关学术文章和出版书籍，都为福田中心区规划实施评估提供了基础史料和前提条件，使本课题组从 2014 年开始着手进行福田中心区规划实施评估的事项成为可行。综上所述，福田中心区具备做详规评估的可行性。

二、福田中心区评估数据的来源及特点

（一）福田中心区评估拥有政府统计、社会调查、大数据等多种数据来源

针对福田中心区详规实施效应评估的研究工作需要庞大的数据，因此需要借助全方位、多渠道的数据获取方式去支持这一工作。总体上讲，福田中心区详规实施的社会经济综合效应评估数据来源，主要有以下几大方面：

1. 政府统计数据，主要来源是政府公布的各年度《福田区统计年鉴》和《深圳市统计年鉴》，但是由于福田中心区是作为一个"功能区"而存在的，并非一个统计概念上所覆盖的"行政区"，因此，相关评估数据无法直接从现有的官方统计渠道获得，而是需要运用专业的技术手段将中心区的相关社会经济指标（如经济总量、投资、产业发展、房地产、人口、收入、就业等）从统计资料中剥离出来，并辅以统计调研方式，将获取的数据不断完善后反馈给统计部门核实和评估，以进一步确保数据的真实性和准确性。限于统计资料的完善程度，从数据的时间范围来看，本书采用的数据主要是 2000 年以及 2008—2014 年的时间序列数据。

2. 社会调查数据，由于单一的官方统计数据还无法全面覆盖研究内容，针对部分研究内容的需求，必须开展统计调查活动。依托专业的统计调查机构，对本书研究所需的社会经济指标数据（如企业分布、公共设施、规划满意度等）展开实地调查，获取第一手数据。此外，专业统计机构还通过多种渠道（比如查阅图书馆、档案馆）对与福田中心区相关的时间久远的社会经济数据进行搜集整理，补充了中心区社会经济发展相关的历史数据。此外，针对社会效应评估的特殊性，还要开展专门的社会调查。比如对中心区详规实施的满意度调查，就必须通过发放调查问卷的方式来展开。社会调查获取的数据是时点数据，确定的调查时点为 2014 年。

3. 互联网挖掘数据，通过特定的技术手段运用空间定位的方法，在互联网上挖掘福田中心区空间范围内的相关社会经济数据，作为本书研究的

辅助数据来源。比如企业数量、企业结构和空间分布、各类基础设施和公共设施的数量及分布情况等。数据获取确定的时点为2014年底。

4. 手机定位数据，为了更直观、系统地研究福田中心区24小时人口动态分布、人口出行OD矩阵、职住平衡特征以及通信联系强度特征，本书采用了深圳市某运营商2012年百万级手机用户的定位数据和通话记录数据，力图探索和实践大数据支持下的城市人口与出行研究。基于大规模手机定位数据研究城市人口动态特征，具有人口采样率高、实时性强、成本低廉、支持连续追踪分析等优势。

（二）福田中心区评估拥有数字、图像等多种类型数据

福田中心区详规实施的社会经济综合效应评估数据分类，可分为基础地图数据、扩展地图数据、地籍地政数据、基础服务设施数据、自然资源数据、规划控制数据、各类统计数据等涵盖数字和图像的多种数据类型。

1. 基础地图数据，包括城市多比例尺地形图、多时相遥感影像数据等。多比例尺地形图是城市规划、市政建设、土地管理和城市管理的基础数据。遥感影像，包括航空遥感影像、卫星遥感影像和其他方式的遥感影像。遥感影像数据获取的精度越来越高，已成为反映城市表面信息的重要数据源。

2. 扩展地图数据，包括地名数据、行政境界、地址数据、数字高程模型、三维建筑模型以及道路、水系等专题信息。其中，地名数据是描述地理实体的名称和空间分布规律的信息，主要包括行政区、居民地、河流、湖泊、山体、道路、单位、标志性建筑名称等。行政境界可细分为区、街道、社区、基础网格单元等。地址数据，包括门牌号码、邮政地址等。城市数字高程模型，是描述城市地表起伏形态特征的空间数据集，由地面规则格网点和关键特征点组成。城市三维模型是对城市景观的三维表达，它反映景观对象的主要特征，并包含从各个方向观察景观对象的必要信息。

3. 地籍地政数据，描述宗地边界和权属性的信息。地籍数据描述了地块的位置、面积、权属和使用性质等，它是土地管理的基本依据，也是城市管理许多分析、决策制定和操作应用的基础。

4. 基础服务设施数据，包括公共服务设施地下管线、地下人工设施等。公共服务设施包括学校、医院等基本情况。城市综合管线数据是通过

管线现状调绘、管线探查及管线测量获得的关于综合管线及其附属设施类型、位置及特征的数据，由要素分类编码、图形信息、属性信息以及相应的元数据组成。地下空间设施，指除综合管线以外的其他人工地下空间设施，如人防、地下停车场、地铁等。

5. 自然资源数据，包括土地利用总体规划、土地利用现状等。土地利用总体规划是在一定区域内，根据国家社会经济可持续发展的要求和当地自然、经济、社会条件，对土地的开发、利用、治理、保护在空间上、时间上所作的总体安排和布局，是国家实行土地用途管制的基础。土地利用现状数据是在土地利用现状调查的基础上，采用以航空为主的遥感资料和大比例尺地形图，全野外实地调查，逐地块调绘量算获取的土地数据，根据土地利用分类进行制图综合表达的数据。土地利用分类是区分土地利用空间地域组成单元的过程。这种空间地域单元是土地利用的地域组合单位，表现人类对土地利用、改造的方式和成果，反映土地的利用形式和用途。

6. 规划控制数据，包括城市总体规划、控制性详细规划、修建性详细规划（简称修规）等。城市总体规划包括城市的发展布局，功能分区，用地布局，综合交通体系，禁止、限制和适宜建设的地域范围，各类专项规划等。控制性详细规划的内容包括：建设地区的土地使用性质和使用强度的控制性指标、道路和工程管线控制性位置以及空间环境控制指标等。修规的内容包括：建筑、道路和绿地的空间布局、景观规划设计，布置总平面图；道路系统规划设计；绿地系统规划设计；工程管线规划设计；竖向规划设计等。

7. 各类统计数据，包括统计单元、人口信息、经济信息以及综合统计信息等。统计单元，如人口普查单元、邮政编码及其覆盖范围等，也可以是其他的进行城市管理和各项地理信息统计分析的地理单元。人口信息可以是以行政区或调查区为单元的人口普查统计数据。经济信息包括以行政区或调查区为单元的经济统计数据。综合统计信息等是以空间信息为基础的城市综合统计信息。

（三）福田中心区评估数据呈现出多维、海量、多源、异构等特点

1. 数据的多维性，体现在对于某些监测指标要素，不同领域的监测侧

重点不同，采用的监测方法、监测手段也不同，形成了对同一监测要素不同部门监测数据的多维性。

2. 数据的海量性，主要表现在数据的自增长性，即随着时间的推移，数据量会自动增加，通过各种传感器获取的监测数据形成不同时间序列的数据表达。

3. 数据的多源性，主要体现在多数据来源、多数据格式、多时空数据、多精度等方面。中心区详规实施涉及规划、国土、建筑、环境、交通等多个经济、社会学科，来源广泛，不仅要表达地理要素的空间位置和几何形状，同时也要表达对应要素的各种属性，以及同一时间不同空间的序列数据和同一空间不同时间的序列数据等。

4. 数据的异构性，体现在数据模型的结构不一致。在详规实施评估中，获取各类城市空间基础数据的方法多种多样，包括来自业务系统、互联网、数据生产部门，统计调查、实地调查等，通过不同手段获取的数据存储格式及提取和处理方法不同，直接导致数据模型的不一致和数据的异构性。

第二章 国内外研究进展及理论基础

第一节 国内外研究进展

一、国外规划评估技术方法演变

国外学者关于规划评估方面研究成果的综述，主要从两方面展开：一是规划评估技术方法；二是规划实施效果评估。

规划评估技术方法经历了从简单单一到科学全面的演变过程，其评估研究始于对规划方案及其决策的技术手段评价，随后一直延伸到规划实施过程以及规划实施效果（实施有效性）等方面。总体来看，国外主要的规划评估方法及演变脉络基本如下所示。

（一）成本收益分析方法

1844 年法国经济学家迪皮伊（M. Dupuis）首次提出成本收益分析方法，并将其作为一种确保公共投资实现社会总收益最大化的手段。成本收益分析方法（Cost and Benefit Analysis，以下简称 CBA 方法）是建立在投入产出理论基础上的经济分析方法，最早用于公共投资领域的分析，该方法是将项目所需成本和产生的收益进行对比分析以选择最佳方案的方法。

率先将 CBA 方法用于公共项目投资分析的则是 1936 年的美国，将其用于依据洪水防治方案而建设的大型洪水防治公共工程项目（比如大坝等）评价。自那时起，CBA 方法逐渐用于公共投资和规划评估领域。尤其是 20 世纪 60 年代中期，美国政府制定"大社区"规划时，CBA 方法得到了进一步的推广应用，该方法也在社会政策评估领域初显优势。

尽管 CBA 方法应用广泛，但其存在一定局限性，主要缺点是片面强调经济方面的目标，而忽略其他领域的影响，因此该方法应用最为普遍的仍在私人经济领域。该方法主要通过两类指标来衡量，即成本和收益，在私人经济领域中，往往很容易将成本和收益转化为货币形式，但在公共领域中却不一定能做到，即要把某项社会政策对社会成员的利益影响用货币表达出来进行比较，诸如噪音、污染等。这类指标是很难转化为货币进行比较的，必须要用其他的方法进行量化。

（二）成本效用分析法

针对 CBA 方法的不足之处，特别是对城市规划中可能涉及的间接无形的成本和收益，学者们开始探讨新的评估方法来对其进行修正或替代。2000 年雷凌（Levin）和麦克尤恩（McEwan）提出了成本效用分析法（Cost Effectiveness Analysis，以下简称 CEA 方法）[1]，较之于 CBA 方法，CEA 方法可以更好地进行项目实施效应的事后评价。CEA 方法是对成本收益方法的修正和演绎，它是指在决策过程中，对备选方案在某一特定目标领域内实现效果的分析和评估。该方法所追求的是在投入一定的情况下使得产出最大化或者是在产出相同的情况下，努力使得投入最小化。其目的是为决策者提供一个具有逻辑并尽可能有效的框架来帮助其进行决策。CEA 法在衡量成本投入的时候采用货币来进行计算，在计算产出时以其产出的各要素进行表达，包括可量化的要素和不可量化的要素。

（三）规划平衡表法

利奇菲尔德（Lichfield）在对英国相关开发项目实践进行综合分析时发现，早期的 CBA 方法在解决社会部门的成本收益时存在局限性，因此，利奇菲尔德在 1956 年提出对 CBA 方法进行修正并应用于规划的开发项目评价中[2]。在此基础上，于 1970 年明确提出了规划平衡表法（Planning Balance Sheet Analysis，以下简称 PBSA 法）[3]。PBSA 是一种基于实施前的成本收益分析方法，普遍应用于城市或区域规划层面。该方法是以表格的

① Levin H M, *McEwan P J.*, *Cost-effectiveness Analysis as an Evaluation Tool*, International Handbook of Educational Evaluation, Springer Netherlands, 2003：pp. 125-152.

② Lichfield N., *Economics of Planned Development*, London：Estates gazette, 1956.

③ Lichfield N., "Evaluation Methodology of Urban and Regional Plans：A Review", *Regional Studies*, 1970, 4（2）：pp. 151-162.

形式来表达评估过程，其首先是要定义利益关系人的生产方和消费方，生产方是参与规划项目制定或实施的团体和个人，消费方是受到规划影响的社会成员，两者在数量上是对等的。这样就形成了生产方生产规划，并将其"卖"给消费方。规划平衡表就是用这样一系列的社会利益代表了项目所带来的所有直接或者间接的交易。该方法作为实施前评估的方法，其中一个重要功能是对规划所产生的未来收益或成本的预测，但是由于未来存在多种不确定性，即使用最可靠的数据对未来进行预测，也是无法保证其准确性的。

（四）目标成果矩阵方法

希尔（Hill）在批判规划平衡表的基础上，于1968年提出了目标成果矩阵方法（Goals Achievement Matrix，以下简称 GAM 方法）[①]。目标成果矩阵方法主要是对实现规划目标可能达成的成果来作出评价。具体来说，是从已确立的目标出发，首先对不同目标进行重要性甄别，建立它们之间的先后顺序以及重要性程度，以此来对各个方案符合目标的程度进行进一步的定量评价。目标成果矩阵方法最早用于交通规划评估项目，而后它将规划评估的过程扩大到规划的各个相关领域，即总体目标可以分解成几个指标，而对各个指标的实现程度则通过可确定的成本和收益直接进行衡量。如要衡量片区经济是否增长的总目标，可选择几个与经济增长相关的指标进行评估，如国民生产总值、财政收入、地区生产总值等。该方法的操作还是较为简单的，在一些指标确定以后，再确定规划主体在这些规划指标关心程度上的权重，每个备选方案在这些指标上的结果就能被测定出来。同样，在测定的过程中，涉及的规划主体被划分为不同性质的集合，再给这些集合也赋予不同的值。分析的结果就是把不同群体对不同指标的评估结果进行列表，以此来判断哪个方案得分最高。该方法是基于前几种方法的一些缺点而设计的评估方法。它创建了一种普遍评估的模式，对规划所涉及的不同群体的利益都进行评估。它建立了货币以外的量化指标，用来表达相对应的社会要素。它强调将直接关系社区利益的各种影响进行分

---

① Hill M., "A Goals-achievement matrix for evaluating alternative plans", *Journal of the American Institute of Planners*, 1968, 34（1）, pp. 19-29.

类，并在各个分类中进行比较。但该方法仍然存在缺陷和弱点，该方法采用的那些定性的指标和定量的指标之间的差异有时候也是可以人为定义的，这种在确定权重时的主观因素是该方法的主要弱点。

（五）多指标评估方法

多指标评估方法是一类方法的总称，诞生于20世纪60年代的法国，该评估方法是由目标成果矩阵衍生出来的一个系列。多元指标评估最初是为了描述那些无法统一单位的要素而产生的一种评估方法，其最大的特点是评判的指标是根据评估人员所掌握的资料而随时更新的。围绕着多指标评价方法，其他领域的相关知识不断渗入，使得多指标评价方法不断丰富，总体上可归为两大类：即主观赋权评价法和客观赋权评价法。前者多是采取定性的方法，由专家根据经验进行主观判断而得到权数，如层次分析法、模糊综合评判法等；后者根据指标之间的相关关系或各项指标的变异系数来确定权数，如灰色关联度法、主成分分析法等。

（六）沟通评估方法

沟通评估最早由库巴（Guba）和林肯（Lincoln）于1989年提出①。该方法关注规划过程中的公众利益和公众参与，让公众有机会参与规划评估，同时也影响了决策者和规划师的决策过程。沟通评估方法强调判断，因此评估人员需要具备规划的基本知识和技能、对规划之外的相关要素要具有较强的反映力以及具有协调不同利益主体的协调能力。该方法的组织架构是将评估人员、决策者、相关利益主体进行重组，实现一个协商机制。沟通评估面对的是不同利益群体所关心的不同问题，有社区的、政治的、经济的，因此要做出正确的判断就要尽可能地掌握涉及这些群体的信息。这些信息不仅包括可量化的指标，还包括公众的喜好、意见、满意度等不可量化的指标。与前几种方法相比，沟通规划评估方法在数据信息的收集、对评估人员的要求等方面都有更高的要求，评估的方法也更加复杂和难以确定，但是它确实解决了前几种办法无法解决的问题：直接将规划相关利益者与规划评估工作联系起来；更加重视各种与规划相关的信息，通过对信息的收集和提炼，增加评估结果的可靠性；应用一些独特的视角

① Guba E G, Lincoln Y S. Fourth Generation Evaluation, Sage, 1989.

进行评估，使评估更加专业合理；弥补了前面几种方法因过分强调结果的客观性而犯的工具至上的错误。

二、国外规划实施效果评估

通过系统检索国外研究文献发现，在理论研究层面，对于规划实施效果的研究一直比较欠缺，但诸多学者还是作出了有益探索。

（一）何为成功的规划

既然理论界对规划成功的观点都是不一致的，亚历山大（Alexander）和法路迪（Faludi）[1] 区分了三种规划成功实施的观点：一是威尔达夫斯基（Wildacsky）提出的"规划是试图通过编制的规划来控制未来，所以如果这个规划最终并未实施即意味着规划的失败"；二是麦斯普（Mastop）和法路迪[2]认为的"成功规划最重要的是规划是否在引导决策的过程中起到作用，而不管其最终的结果是否反映原来规划的设想，在这种情况下，规划即使没有实施也不算失败，最重要的是所做的决定"；三是亚历山大[3]提出来的较折中的观点"规划的实施是重要的，但只要结果是有益的，即便结果与规划不符也不重要了"。这三种观点不同程度地强调了结果和过程的重要性，这两点是评估城市详规实施效果的两个不同的角度。

亚历山大同时认为，评估一个特定的规划案例并制定可行的框架，有必要提出和解答一系列的问题，包括：在特定的制度背景下界定评估本身、详细阐述评估的主题和阐述规划评估可能的方法及其应用，这三者构成规划评估的基本框架。

亚历山大和法路迪判断规划"好"与"不好"的可能的途径有三种，第一种是规范性的评估，第二种是通过一致性来评估，第三种是通过绩效来评估。但是第一种方法很难作为一个正式的评估方法，更多的是一种历史性的分析和审查。一致性方法的标准是评判最终的结果与规划或规划指

---

[1]　Alexander E R, *Faludi A. Planning and Plan Implementation*: *Notes on Evaluation Criteria* [J]. Environment and Planning B: Planning and Design, 1989, 16（2）: pp. 127-140.

[2]　Mastop H, Faludi A. *Evaluation of Strategic Plans*: *the Performance Principle* [J]. Environment and Planning B: Planning and Design, 1997, 24（6）: pp. 815-832.

[3]　Alexander E R, *If planning isn't Everything, Maybe it's Something* [J]. Town Planning Review, 1981, 52（2）: pp. 131.

导政策的一致程度。基于绩效的评估产生于将一个规划或政策定义为未来决策的框架。绩效指的是一个规划或政策在此作用上的实用性和有效性：专项规划或政策是否考虑到后续决策，以及它又是如何落实在后续实施的相关规划、程序和项目中。

（二）如何评估规划实施效果

拉伊（Lai）[1][2][3][4] 在一系列研究中指出，对规划实施效果评估的研究一直被忽视，主要原因在于：一方面是过去的规划理论研究重视规划编制而忽视规划实施。另一方面城市运作过程的复杂性使研究者很难将规划对城市发展的影响独立于其他影响因子之外加以审视，因此在现实中进行规划实施效果的评估难度极大。

对于如何判断规划实施是否有成效，霍普金（Hopkins）[5] 提出四个评估规划是否产生作用的准则：效果（Effect）、净收益（Net Benefit）、内在有效性（Internal Validity）以及外在有效性（External Validity）。效果主要考察规划是否对决策、行动或结果产生影响；净利益主要考察规划是否值得做且为谁而做；内在有效性主要考察规划是否满足它原先制定的逻辑；外在有效性则主要考察规划是否满足外在的准则。至于城市规划实施效果评估的外在有效性（规划的实施必须符合社会的期待）方面，霍普金在评估规划实施效果的分析架构中并未予以考虑。而缺少外在有效性的支撑，即使规划符合内在有效性的逻辑，也不是好的规划。奥利维拉（Oliveira）[6] 提出了将"规划—过程—结果"（PPR）方法应用于规划和详

① Lai, S-K. From Organized Anarchy to Controlled Structure：Effects of Planning on the Garbage can Processes [J]. Environment and Planning B：Planning and Design, 1998, (25)：85-102.

② Lai, S-K. Effects of Planning on the Garbage-can Decision Processes：A Reformulation and Extension [J]. Environment and Planning B：Planning and Design, 2003, (30)：379-389.

③ Chiu C-P, S-K Lai. A Comparison of Regimes of Policies：Lessons from the Two-person Iterated Prisoner's Dilemma Game [J]. Environment and Planning B：Planning and Design, 2008, (35)：794-809.

④ Lai S-K, H-C Guo, H-Y Han. Effectiveness of Plans in Cities：An Axiomatic Treatise, Paper Submitted to Environment and Planning B：Planning and Design for Possible Publication [Z]. 2009.

⑤ 路易斯·霍普金斯著，赖世刚译：《都市发展——制定计划的逻辑》，商务印书馆2009年版。

⑥ Oliveira, Vitor, Pinho, Paulo. Measuring Success in Planning：Developing and Testing a Methodology for Planning Evaluation [J]. The Town Planning Review. 2010 (3).

规实施评估，提出了诸多综合评估的标准。PPR 方法是基于事前理性、绩效和一致性，整合了这三种不同的规划评估要素的方法。并且以里斯本市政规划为特例，解释了 PPR 方法如何识别并解释规划活动的成功性。

国外许多学者进行了几十年有益探索：

1. 1973 年威尔达夫斯基（Wildacsky）[①] 认为规划关注的是未来的管理，而未来是不确定的，所以很难去判断一个规划的好与坏，而主张以详规实施效果作为评估规划是否成功的依据。该研究认为，规划与实施之间是存在线性关系的，详规实施越接近规划的构想，就越成功，反之则是失败。研究认为，规划或政策都将在未来某一设定的时间内完成，而对于实施效果的评估是依据结果与规划方案的契合度为标准的，亦即规划最终实施结果与最初方案设计的一一对应性。这种方法十分强调对规划最终结果的评估，目标性很强，它要求可供操作的决策、实施的步骤和具体的结果与规划中相应的表述完全一致，并且认为详规实施一旦获得成功，那么整个规划以及规划程序都是成功的。萨巴蒂尔（Sabatier）[②] 也支持这一观点，并进一步指出比较详规实施所达成的目标与规划所设定的目标，便可评估规划的实施效果。但是，威尔达夫斯基的理论遭到了亚历山大和法路迪[③]的批评。他们认为，由于规划决策过程本身所具有的不确定性，规划和实施效果之间不可能存在严格的线性关系，因此比较规划与实施效果并不是一个可靠的评估规划是否成功的标准。对规划评估中的不确定性，佩尔曼（Pearman）[④] 分析道，由于不确定性的存在，规划实际上是空洞的。对规划是否成功实施的评估实际上变成了对规划中不确定因素的考量。不确定因素的存在迫使评估者不能执着于原有规划的设计，而应当更多考虑实际的环境与背景。

① Wildavsky A, *If Planning isn't Everything, Maybe it's Nothing*. Policy Science, 1973, 26: pp. 83-89.

② Sabatier P A, *Top-down and Bottom-up Approaches to Implementation Research: A Critical Analysis and Suggested Synthesis* [J]. Journal of Public Policy, 1986, 6 (1): pp. 21-48.

③ Alexander E R, Faludi A, *Planning and Plan Implementation: Notes on evaluation criteria*. Environment and Planning B: Planning and Design, 1989, 16 (2): pp. 127-140.

④ Pearman A D, *Unvertainty in Planning: Characterisation, Evaluation, and Feedback*. Environment and Planning B: Planning and Design, 1985, pp. 12 (3): 313-320.

2. 1997 年霍顿（Houghton）① 提供了一个简单的“城镇规划效能模式”，这一模式将物质投入和产出以一种效率关系比照，将规划过程中的这些因素同规划的效应（后果和影响）并列比较得出其有效性。霍顿认为规划评估亟须由关注过程的评估向关注结果的评估扩展。塔伦（Talen）② 借鉴美国的经验，认为需要从理论和经验实证两方面理解规划为何成功。然而建立一个更清楚关于规划成功的认识似乎是一个不太可能的任务，因为一是没有关于规划成功的定义；二是没有关于何时、在什么条件下规划实施上已经成功了的经验知识；三是没有衡量规划成功的方法。因此，塔伦提出了一致性的方法用于规划评估，认为在一致性原则上评估规划成功（或失败）的优点是“至少有可能将目标和效应结合起来，有可能对规划成功与否采取一个更切实、更客观的测评规划成功的措施”。塔伦建立了一个规划评估的模型，包括规划实施前的评估，规划实践、政策执行分析的评估以及规划执行情况的评估。

3. 1989 年亚历山大（Alexander）和菲洛迪（Faludi）③ 发展了一个城市规划效果评估的框架——经典的“政策—计划—实施—过程”（PPIP）的规划评估框架，包括：

（1）一致性，包括规划最终是否实施以及产生的影响是否符合之前的设想。

（2）理性的过程，尤其是该过程是否可以理解，逻辑上一直以及涉及所有受到影响的群体的参与。

（3）事先最优性，或者是实施时的最优战略。

（4）事后最优性，是政策规定的最佳战略。

（5）实用性，及规划政策是否用来作为决策时的参考框架，如果没有，那么背离的原因是否合乎逻辑。

这些标准被具体化为一系列的问题，直接运用于政策或规划方案的评

---

① Houghton M. *Performance Indicators in Town Planning*：*Much Ado about Nothing?* [J]. 1997.

② Talen E. *Visualizing Fairness*：*Equity Maps for Planners* [J]. *Journal of the American Planning Association*，1998，64（1）：22-38.

③ Alexander E R, Faludi A. *Planning and Plan Implementation*：*Notes on Evaluation Criteria* [J]. *Environment and Planning B*：*Planning and Design*，1989，16（2）：127-140.

估，根据调查中对这一系列问题的回答，评估结果被分为正面、中立、负面三种。

莫里森（Morrison）和皮尔斯（Pearce）[①] 认为有可能制定出一套合理的指标，反映规划体系的目标，并在一定程度上从国家层面评估规划设施的成效。他们认为，在选择指标时，政策制定者需要注意在概念上的能力和数据（与成本相联系）获得的可能性之间的权衡。他们认为用指标衡量输出和一般的结果，尽管分析数据更易获得，但是从概念上来说没有将规划的贡献单独分开进行评估结果那么有说服力。同时研究人员发现一系列的问题：政策目标需要以一种能够用测评的指标加以确定的方式阐明；存在外部性问题；建立一个综合多元化指标涵盖规划所带来的主要的经济、社会和环境后果，以及收集相应数据资源的可行性。

4. 2002 年格里森（Gleeson）[②] 以澳大利亚为背景，主张采用一种广义的观点"建立结果评估的矩阵模型，该模型可围绕规划在经济、环境、社会、民主和管理等方面的贡献，构建评估过程的框架"，尽管格里森在这些方面未能提出一个衡量规划贡献的实际建议，但是他从方法论上指出了以下要点：一是评估中需要综合性和灵活性来包含规划的全部价值，需要针对定量和定性的指标评估规划的贡献；二是可以以一种"规划平衡表"的方式进行整体性评估；三是任何评估的结论将与一定的背景密切关联，因背景不同而异；四是从方法论上讲，如果能将规划影响的评估和对未来的预测加以结合，提供既有回顾性又有前瞻性的规划贡献的观点，则是最有价值的。

5. 2004 年卡尔莫纳（Carmona）和赛尔（Sieh）[③]认为城市详规实施效果的整体质量评估包括三个层面：其一，城市规划服务及其质量；其二，评估城市规划的结果和影响；其三，评估规划组织机构的质量。其中对城市规划的结果和影响，主要是考察国家、区域和地方层面的城市详规实施

① Morrison N, Pearce B. *Developing Indicators for Evaluating the Effectiveness of the UK Land Use Planning System* [J]. Town Planning Review, 2000, 71 (2): 191.

② Gleeson B, Randolph B. *Social Disadvantage and Planning in the Sydney Context* [J]. Urban Policy and Research, 2002, 20 (1): 101-107.

③ Carmona M, Sieh L. *Measuring Quality in Planning: Managing the Performance Process* [M]. Routledge, 2004.

成效，主要评估内容是城市规划通过控制和管理土地开发而对社会、经济、环境等方面带来的附加值、利益相关者的满意程度、政策效应等三个方面。卡尔莫纳和赛尔①在研究中继续指出，规划质量的目标体现在三方面：提供服务、组织能力和规划产物。一个主流目的论把规划的目的阐述为促进社会可持续发展，这种可持续发展的目标可以转化为规划—绩效标准，或者分解和排序成更具体的社会经济环境目标。在方法上，卡尔莫纳和赛尔设计了一种三部分构成的用于规划实施效果测评的新假设模型，这个模型反映了在分析框架中建立以及通过实证研究进一步细化提炼的原则。从土地利用规划领域之内与之外两方面，对于广泛用于一系列的不同情况下的成效测评法进行了评论。在实践上，卡尔莫纳和赛尔②分析了英格兰80多个地方规划当局在实施评估上的创新，审查了实施评估的目的和机制，以及评估的推动和抑制因素。卡尔莫纳和赛尔认为，当前世界各国对详规实施效果的根本性问题并没有真正理解，比如英国过分依赖国家关于空间详规实施成效测评，但是并没有带动地方政府研究出更加实用于地方规划成效测评的体系。

三、国内研究进展

从21世纪开始，我国许多城市已开始进行城市规划评估的探索，一般表现为对上一轮规划作出评估或检讨，进而指导下一轮规划的编制。随着中国城市化进程的加快，学者们对城市规划评估的探索研究也开始丰富，并形成了一定数量的研究成果。比较具有代表性的研究成果综述如下：

（一）赵蔚、赵民、汪军等对城市重点地区空间发展的规划实施评估问题展开了系统研究③。重点研究了三个方面的内容：一是以英国和美国为例，探讨其评估体系的特征；二是探讨中国开展规划评估的前景以及规划评估中可能存在的问题；三是以杭州市钱江新城（CBD）为例，对钱江

① Carmona M, Sieh L. *Performance Measurement in Planning—Towards a Holistic View* [J]. Environment and Planning C: Government and Policy, 2008, 26（2）: 428-454.

② Carmona M, Sieh L. *Performance Measurement in Planning—Towards a Holistic View* [J]. Environment and Planning C: Government and Policy, 2008, 26: 428-454.

③ 赵蔚、赵民、汪军、郑翰献:《空间研究11：城市重点地区空间发展的详规实施评估》，东南大学出版社2013年版。

新城的管理和建设模式、可持续发展、综合效应等方面展开系统性评估，并基于评估结果从空间设施规划与建设、管理模式、财务运作、招商引资和绿色可持续等方面总结提出了钱江新城规划建设的基本经验。该项研究将综合效应评估划分为经济效应和社会效应并展开定量评估，在评估指标和评估方法上为本书研究提供了诸多启示。

（二）姚燕华等[①]在分析控制性详细详规实施评价重要性及现有评价方法的基础上，结合控制性详细规划的特点，提出了通过规划管理中规划审批案件对原有规划方案的调整来分析控制性详细详规实施效果的方法。并以广州市控制性规划导则实施为例展开了实证研究，评价了广州市控制性规划导则的实施情况与实施效果，提出了简化导则的控制内容、提高用地性质控制的灵活性、分类制定开发强度的控制要求等相关建议。该研究应用了简单的数理统计方法，对导则的实施进行了定量评估，对评价目标体系、评价方法模型及评价指标等方面的内容则有待深入。

（三）陈卫杰等[②]认为，控制性详细详规实施评价主要分为详规实施前的评价（前评价）、详规实施后的评价（后评价）两种类型，以及涵盖程序性评价、目标性评价、社会性评价三个方面的内容。并基于上述三方面的内容设定指标体系和权重，以上海市浦东新区金桥集镇为例展开了实证研究，并从规划编制、规划审批、详规实施一致性、详规实施有效性、详规实施监督效果和详规实施社会评价等方面得出了一系列评价结论。研究指出，要明确"控制性详细详规实施评价"的法律地位；制定实施评价实施细则，明确评价内容、方法、主体及操作步骤、文本内容、格式；要充分重视公众参与的必要性等等。对于该项研究结论，本书在研究中也有体现，在开展福田中心区详规实施评价时，就充分重视并适当公众参与评估的方法，注重从不同社会群体的反馈中去展开实施评估。

（四）徐玮[③]从分析控制性详细规划研究和评估的重要性入手，剖析了

---

① 姚燕华、孙翔、王朝晖等：《广州市控制性规划导则实施评价研究》，《城市规划》，2008年第2期。

② 陈卫杰、濮卫民：《控制性详细详规实施评价方法探讨——以上海市浦东新区金桥集镇为例》，《规划师》，2008年第3期。

③ 徐玮：《理性评价、科学编制，提高规划的针对性和前瞻性——上海控制性详细详规实施评价方法研究》，《上海城市规划》，2011年第6期。

控制性详细规划研究和评估成果规范制定工作中的创新和探索，并以此为基础，对上海控制性详细规划前期研究和评估成果规范的内容进行了研究，确定了以功能定位、土地使用、开发强度和发展规模、空间管制、道路交通、公共设施等为核心的评估内容，这些内容尤其是道路交通、公共设施等为本书开展福田中心区详规实施效应研究提供了诸多借鉴。

（五）桑劲[①]在梳理现有相关文献的基础上，以理查德·邓恩的公共政策评估理论为指导，尝试建立一个控制性详细详规实施结果评估框架。这一框架分为三个层次：一是"空间方案的一致性评估"，主要描述控制性详细规划文件中"可开发用地"的实施情况；二是"规划目标的符合性评估"，在解构控制性详细规划目标的基础上，分析其与实施结果的关系；三是"政策问题的回应性评估"，主要通过不同群体对控制性详细规划所针对的政策问题的辨析差异，以及这些群体对政策问题改善的感受差异来对实施结果进行分析。并根据这一框架，对"上海市某社区控制性详细规划"从控规方案的一致性、控规目标的复合型、控规政策问题的回应性等方面进行了实证研究。

四、研究评价

综上所述，国外城市规划评估历史悠久，研究主要集中于规划评估理论及方法的研究，且在方法和细节上考虑得很周全。不同的历史时期城市发展的特征不同，城市规划的诉求不同，也演变出多样性的城市规划评估方法体系。与此同时，学者们并没有对评估方法的适用性形成一致意见，并没有哪种方法是放之四海而皆准的评估方法。不同的评估方法体系侧重点不同，关注的领域不同，评估的结论也会存在一定程度的差距，这在一定程度上加大了实践的操作成本。但国外学者的研究特别是涉及规划评估的政策、指标与方法，对我国开展规划评估具有借鉴和参考价值。

国内学者对规划评估的研究，目前尚处于总结梳理国外学者的研究成果的起步阶段。仅有少部分学者对规划评估理论和方法进行了有益的探

---

① 桑劲：《控制性详细详规实施结果评价框架探索——以上海市某社区控制性详细详规实施评价为例》，《城市规划学刊》2013年第4期。

索，并尝试将研究成果应用于实践。但总体看来，目前我国规划评估工作仍处于初级探索阶段，规划实施评估的体系构建研究不足，规划实施评估研究缺乏统一的机制与制度的保障，规划评估的理论与方法研究与西方国家相比存在一定差距。

本书的研究在借鉴国外研究成果的基础上，针对国内研究的不足之处，拟对规划评估展开理论和实践研究。其研究的切入点选择主要在以下两方面：一是引入规范化的规划实施的评估机制研究。在充分学习和借鉴国外成熟的规划评估理论和规范化的评估机制的基础上，结合我国详细规划实践，建立起规划实施效应评估的基本框架。二是综合运用多层次、多维度、多角度的评估方法，建立系统的评估指标体系，并以深圳市中心区为例展开实证研究，对详规成果、实施过程、详规实施后社会、经济和环境效应评估展开研究。

第二节　城市规划评估理论列举

规划评估是一项系统全面的工作，对规划评估的基本框架、核心内容、技术方法等，我们必须通过系统的理论梳理，寻找相关的理论来构建本书研究的理论支撑。

一、可持续发展理论

1972 年梅多斯（Meadows D H）在其著作《增长的极限》中明确提出"持续增长"和"合理的持久的均衡发展"的概念[1]。1987 年，以挪威首相布伦特兰（Brundtland）为主席的联合国世界与环境发展委员会（WECD）发表了一份报告《我们共同的未来》（Our Common Future）[2]，正式提出可持续发展概念，受到世界各国政府组织和舆论的极大重视。在1992 年联合国环境与发展大会上，可持续发展理论得到与会者共识与承认。总体来讲，可持续发展理论的内涵是指既满足当代人的需要，又不对后代人

---

① Meadows D H, Meadows D L, Randers J, et al. The Limits to Growth [J]. New York, 1972, 102.

② Brundtland G, Khalid M, Agnelli S, et al. *Our Common Future* [J]. 1987.

满足其需要的能力构成危害的发展。在具体内容方面，可持续发展涉及可持续经济、可持续生态和可持续社会三方面的协调统一，要求人类在发展中讲究经济效率、关注生态和谐和追求社会公平，最终达到人的全面发展。

可持续发展理论是城市规划编制时必须遵循的重要理论，也是后期开展城市规划评估时应当遵循的指导思想。西方发达国家很早就将可持续发展理论及其方法纳入到规划评估之中。英国自 20 世纪 90 年代后期便开始尝试将国家、区域和地方可持续发展战略具体落实到各项政策、计划、规划和重大决策之中，并由此在战略环评的基础上逐步形成了"可持续性评价"（Sustainability Appraisal）的概念及相关技术方法。从可持续发展理论的内涵以及与城市规划发展的关系来看，可持续性评价是与规划编制相平行的、系统的、循环的评价过程。通过这一过程可以对城市规划在经济、社会及环境所达到的可持续发展程度进行界定与评价，进而通过评价报告对规划予以反馈，促进其向可持续方向发展。

为什么可持续发展理论在规划评估中具有极其重要的作用？主要体现在以下几方面：

（一）社会可持续性

即保障社会资源在城市社会成员（包括现时成员和未来成员）之间得到合理的配置。其主要手段是通过对人口规模的理性预测和控制，将重要社会资源如住房、城市公共设施和基础设施在建设时序和空间上加以分配，以逐步提高城市社会服务水平。

（二）经济可持续性

在市场体系中，经济发展主要依靠市场的自组织功能进行调节，但由于单纯市场机制在经济长期运行的控制、公共物品的生产和配置以及"外在不经济"的现象等方面的缺陷，经济的可持续发展必须由市场调节和公共干预共同完成。城市规划作为公共干预的一种重要手段，应当通过城市经济发展策略的研究和制定、产业结构调整及其空间布局的组织对市场运行加以控制和引导，促进经济的持续稳定发展。

（三）环境可持续性

通过规划项目的环境承受能力检验程序以及生态式规划理论与方法的建立促进自然资源的合理利用与有效保护，实现环境的良性发展。比如土地开发方面，城市土地利用规划必须审慎地确定土地利用的规模和强度，避免局部区域追求局部利益导致对土地进行掠夺性或破坏性开发，对城市自然环境造成破坏。在城市空间环境方面，要从城市空间结构组织及其与周边地区的协调等方面保证城市发展过程中的空间延续及空间结构的平衡。

二、公共政策评估理论

1979 年大卫·纳区密尔斯（David Nachmias）著书《公共政策评估：途径和方法》提出，公共政策评估是"根据政策和计划所要实现的目标，对于正在推行的政策和公共计划，对其目标的效果做出一个客观的、系统的、经验性的研究"①。威廉·邓恩（Williams N. Dunn）认为，公共政策评估非常关键，是政策分析中重要的组成部分。同时"公共政策评估是用多种质询和辩论的方法来产生和形成与政策相关的信息，使之有可能用于解决特定政治背景下的公共问题"②。随着公共政策评估理论的发展，当前学者们也逐步形成了比较一致的观点："公共政策评估是指特定的评估主体根据一定的标准和程序，通过考察政策过程的各个阶段、各个环节，对政策的效果、效能及价值所进行的检测、评价和判断。"

对于规划评估与公共政策评估的关系，我们主要从以下几方面理解③：

（一）城市规划政策是城市公共政策的组成部分，符合公共政策的内涵。具体体现在以下几个方面：

1. 在不同体制的国家，城市规划都是以政府或其职能机构为主体来组织制定的，我国《城乡规划法》内容也体现了这一点。

2. 城市规划是城市发展的总体目标纲领，是每个城市形成一致公共目标的必要手段。特别是在全球竞争时代，规划政策更表现为一种聚集发展要素、提升城市竞争力的共同的营销宣言。

3. 解决城市发展的公共问题始终是规划政策的立足点，用规划政策调节城市资源的分配，协调各相关利益主体的行为。

---

① Nachmias D. *Public Policy Evaluation*: *Approaches and Methods*［M］. St. Martin's Press, 1979.

② Pal L A. *Public Policy Analysis*: *An Introduction*［M］. Nelson Canada, 1992.

③ 姚存卓：《借鉴公共政策评估理论探索城市规划实效评估的方法——以上海市控制性详细规划编制单元为例》，同济大学建筑与城市规划学院论文，2005 年。

4. 城市规划政策一旦经多方协调确定下来之后，就会成为相关利益主体对城市建设行为进行引导或者约束的"社会契约"。

（二）参照城市公共政策评估的内容，规划政策也可从以下五方面进行评估：

1. 人口政策。对于一个城市或某个片区而言，在规划编制或修订时，较准确预测未来一定发展时期的人口规模，是进行城市发展规划、配套基础设施进行空间布局的重要依据。

2. 产业政策。在城市或某个片区经济社会发展不同阶段，产业政策决定城市未来产业发展方向，比如产业结构、经济模式，影响着城市规划空间布局。不同产业类型的城市或片区最终的发展路径差异比较大，城市或片区发展的不同阶段在产业需求和产业空间布局上也存在差异。城市规划是综合考虑人口政策、产业政策等在内的空间统筹安排。

3. 土地政策。土地政策是保障产业政策落地的根本，也是保障详规实施的前提。城市土地的形态和可供开发用地的规模在一定程度上影响着城市规划的实施，详规实施也与土地供给政策息息相关。

4. 其他。与规划、政策评估相关的还有以下内容：城市房地产政策、城市交通政策、公共设施配套政策、环境保护政策等，都可以从某一方面对城市规划政策进行评估。

总之，城市规划就是通过与上述不同领域政策的紧密关系来体现其公共政策属性的，在展开城市规划评估时，其本意是对政府一项或多项公共政策的评估，所采用的方法、评估的内容都可参考借鉴城市公共政策评估的相关方法和内容。

三、外部效应理论

外部性的概念最早是由新古典经济学家马歇尔①在 20 世纪初提出的，从内涵上看，外部效应是指一个经济主体（生产者或消费者）在自己的活动中对旁观者的福利产生了一种有利影响或不利影响，这种有利影响带来的利益（收益）或不利影响带来的损失（成本），都不是生产者或消费者

---

① 马歇尔：《经济学原理（下）》，商务印书馆 1994 年版。

本人所获得或承担的，是一种经济力量对另一种经济力量"非市场性"的附带影响。

经济学外部效应理论能够有效解释城市规划领域诸多事实，这为规划评估研究提供了基于经济学视角的理论基础。外部效应又分为正外部效应和负外部效应。正外部效应是某个经济行为个体的活动使他人或社会受益，而受益者无须花费代价；负外部效应是某个经济行为个体的活动使他人或社会受损，而造成负外部效应的人却没有为此承担成本。

（一）外部效应理论对于城市规划的适用性

城市规划的本质是对城市的各种公共资源进行合理配置的一种手段。这种资源配置带有典型外部效应，属于经济学研究的范畴。外部效应理论的一个重要方面是在认识到详规实施外部效应的基础上，通过什么手段来解决或处理规划的外部效应问题，鼓励发挥正外部效应，抑制减少负外部效应。城市规划具体通过规划编制、决策和实施等方式来处理城市布局和建设，给城市经济发展、居民生活质量带来的正外部效应。城市规划应尽量减少土地开发和城市发展对生产、生活的负面影响。规划实际就是一种解决城市发展和开发所带来的外部效应的手段。

（二）规划实施后产生的外部效应主要来自以下三方面：

1. 开发者行为产生的外部效应。基于追求市场经济利益的强大动力，少数开发者独占利益，多数使用者承担成本。而用于激励负外部效应内在化的政策法规又不足，所以开发者在经济利益的驱使下造成规划实际发生很多变化，产生了负外部效应影响。反之，如果开发者能够兼顾公共利益，则能够最大限度地给社会增加福利，产生正的外部效应。

2. 规划设计师产生的外部效应。如果城市规划师对经济规律考虑不足，而导致规划指标经不住市场的考验，打乱了规划原本的均衡系统，造成了不公平的现象，这就容易产生负外部效应。如果规划师在开展规划编制时能够充分学习并考虑经济规律，依据城市经济发展的实际情况确定规划指标，则能够合理地分配城市资源，产生正的外部效应。

3. 规划实施的不可逆性与外部效应。规划实施具有不可逆性，一旦付诸实施便不可更改。如果规划得当，符合城市经济社会发展规律，那么规划的实施能够促进社会整体福利的提高，容易产生正外部效应；反之，如果规划编制不科学，在实施中出现问题，而政府并不是这一过程的影响直接承担者，它产生的负外部效应影响也只能由社会承担，于是产生典型的负外部效应。

（三）规划评估是对规划外部效应的一个度量

事实上，城市规划实施后的综合效应是规划外部效应在各领域的一种表现，不同类型效应的产生及变动，在一定程度上都与规划实施所产生的效应及效应外溢有关。针对规划实施后综合效应的评估是对规划实施外部效应的一种考核和度量。当前针对城市规划评估的内容范围比较广泛，但实践中对规划实施后综合效应的评估（如社会效应评估、经济效应评估和环境效应评估）仍显不足。在评估规划实施效应时，一方面，应当关注规划在本区域的外部效应表现；另一方面，还要关注效应外溢，即上述外部效应对周边区域的影响，从而能够全面客观地评估规划给城市发展带来的利弊。

四、空间要素流理论

（一）理论内涵

"流"作为组成城市空间结构的要素之一，是物质的或非物质要素的一种动态表现形式，是空间结构的"活动"内容。顾朝林[①]、姚士谋等[②]诸多学者在研究中明确提出，城市间各组成要素的联系是通过流的集聚与扩散形式来完成的，这种城市间人流、物流、信息流、资金流、技术流等在城市空间群内所发生的频繁、双向或多向的流动现象，称为城市要素流。

在漫长的历史长河中，由于经济要素客观上存在空间差异，导致要素的空间流动，使区域或者区域之间经济实体相互关联，构成复杂的、不同层次、规模庞大的空间系统。而其中各种各样的"流"共同影响和推动社会的发展，"流"的演进过程见证着经济发展、社会进步等历史演进；低速

---

① 顾朝林、甄峰、张京祥：《集聚与扩散——城市空间结构新论》，东南大学出版社1999年版，19-24页。

② 姚士谋、朱英明、陈振光等：《中国城市群》，中国科学技术大学出版社2001年版，144-157页。

发展时期的"流"非常低，流速很慢，"流"的内容少，主要表现为人流，即人口的迁移和初级的物流；随着社会经济的发展，"流"的空间逐渐扩大，"流"的速度加快，"流"内容也不断丰富；到工业化时期，科技的进步使得技术流和资本流快速增长，区域由封闭走向开放；在市场经济条件下，人口和生产要素处于快速流动中，信息的传导和转移也随之加快；在高速均衡发展时期，人类进入了信息经济的网络化时代，信息化社会是环绕着各种"流"，诸如人流、物流、资金流、技术流、信息流等构建的，它们共同构成了信息化社会的空间基础。

（二）五种要素流对城市空间结构的影响

1. 人流，人口在城市内部或者城市之间的流动称之为人流。一般来讲，城市人流的变动是多方面因素促成的，与城市的生产生活成本息息相关。城市间的生产和生活成本存在着较大的差异，这种差异驱使着人流在不同的城市空间变动。城市人流的变动带动了城市交通、公共服务、住房等设施建设，这类开发建设的最终结果是占用更多的城市土地，导致城市空间的延展。此外，人流还承载着文化、信息和管理等素质，也给流入区带来了较先进的科技、文化等，同时也促进了技术流、信息流的涌入，这些都带动了城市产业空间分布的发展变化。无论是土地开发带来的空间扩展还是产业空间的变化，都必然带来城市空间结构的改变。

2. 物流，在城市空间结构体系中，物流是反映城市对其周边城市以交通线为载体进行联系的综合指标。一般来讲，物流的变化与交通运输成本有较强关联，物流规模较大的城市一般聚集在交通运输设施发达的空间区域。在物流的演进过程中，其规模由小范围到大范围到全球不断发展，内容由简单的农具到高精产品等不断进步，载体也从低端向高端不断演进。随着交通通达性的提高，物流网络的发展，交通运输成本逐步降低，城市与外界的沟通能力也得到增强，城市的影响力不断扩展，空间结构也不断发生变化。

3. 资金流，资金流动的根源和目的就在于其趋利性和避风险的本质。只要地区或部门之间资金收益率或收益风险存在差异，资金的流动就不会停滞。资金在追求最大利益的运动中能够显现出一定的运动轨迹。资金流常借助一定的载体，如产品、技术才能实现流动。资金流动的根源在于一个城市储蓄的水平，即资金的积累水平。事实上，资金积累过程也就是资金的流动过程，其流动的速率与区域储蓄率、投资率、投资的有效资本要素转化率、资本要素总量、资本要素产出率等密切相关。资金流动效率高，就会促进城市经济发展。与此同时，资金流能够实现收益，无论是附着在实体经济上还是虚拟经济上，其最终载体还是离不开土地资源。因此，资金流的规模与效率对城市空间结构有着间接的影响。

4. 技术流，对于城市经济的发展，虽然自主研发创新是技术进步的一个重要方面，但技术要素的流入仍是城市进步更为快速和有效的途径。技术要素流动有两种途径：一是采取商业性的有偿形式，即城市技术贸易；二是采取非商业性的无偿形式，即技术交流和技术援助。技术流的地理集中，成为经济活动的重要推动力量，这种特性促使企业在区位选择上具有了地理集中的倾向，从而形成产业的集聚区。通过技术交流等知识共享方式，可以使相关企业从技术流中获得相当的利润，这就可以理解为技术的溢出效应。伴随着技术流产生的高新技术园区、工业园区等新的城市空间形态，极大地促进了城市空间的扩展。

5. 信息流，在信息技术革命的推动下，信息成为经济发展的基础，人类社会经济生活方式和空间形态发生快速变化。日益增长的信息产业和频繁的资本流动不仅导致高技术产业、发达制造业生产的地理空间极化（这类产业主要朝着城市高技术产业园区、工业园区等地区集聚），而且也带来了管理的高层次集聚、生产的控制和服务的等级扩散，使得城市具有明显的扩展趋势。由于信息产业的发展，城市的集聚功能进一步加强，使得城市在社会经济发展的增长极作用日益强化。与此同时，随着信息技术的发展，人们获取信息的手段更为便利，从而使得人们的工作和生活方式更具弹性，这在一定程度上加速了城市空间扩展，因此，信息化导致了城市空间向着集聚与扩散的趋势发展。

（三）五种要素流与城市空间结构的互动关系

1. 城市要素流与城市空间结构的关系

结合城市空间结构的变动类型，城市要素流对空间结构的影响大致可分为两方面：一是城市要素流动自发塑造城市空间结构的类型，如深圳华强北商圈，由于该片区位于深圳特区 20 世纪 80 年代早期的上步工业区，以电子工业生产为主。随着特区快速发展，该片区90年代自发"退二进三"，由工业区逐步变为以销售电子产品为主的商业区。华强北在城市中具备较好的经济发展积淀，其特有的产业聚集形态和区位禀赋，吸引了该片区城市要素流与外界频繁的互动交流，这种要素流的变化进一步塑造并强化了该片区的城市空间形态。二是城市要素流变化被动塑造城市空间结构，比如深圳福田中心区的规划建设。福田中心区从无到有，从小到大，整个片区的空间结构变化都是在规划蓝图的约束控制和引导下建成的。城市规划对城市要素流的变化能够产生正向效应，使其对城市空间结构的变化产生积极的影响。

2. 城市要素流与规划评估的关系

城市规划在一定程度上能够对城市要素流的流向和强度产生影响，规划评估就可以从定性和定量两方面评估这五种要素流在城市的波动状态和变化趋势。城市规划的实施伴随着城市不断成长，也导致了城市空间结构的不断改变。从逻辑关系上看，要素流的变化塑造了城市空间结构，影响着城市空间规划的实施效果。因此，对城市规划实施效应的评估，也应该关注城市不同的发展阶段、不同的历史时点要素流的发展演变情况。关注人流（如人口的规模、密度、结构、就业、迁移等）、物流（交通设施、交通网络、通达性、承载力等）、资金流（经济总量、投资规模、强度、结构等）、技术流（高新产业、技术水平、产业水平等）、信息流（信息基础设施、信息规模、信息交换等）等方面的内容。规划实施效应评估对象选取必须符合城市发展规律，必须是由低级到高级发展态势，必须在城市要素流发展变化的框架内进行。

第三节　国内部分城市详规评估实例及经验借鉴

目前我国城市规划评估主要有三种类型：一是总规评估；二是详规评估；三是专项规划评估（交通、环境等）。实践中开展得较多的是第一种和第三种评估，第二种较少。尽管只有少数城市作出了详规评估的实践探索，但确实为其他城市开展详规评估工作提供了有益参考。

一、杭州钱江新城核心区详规评估①

（一）评估背景

钱江新城位于浙江省杭州市城区的东南部，钱塘江北岸（如图2-1所示）。2001年杭州市区行政区划有重大调整，原萧山、余杭两市"撤市设区"，划入杭州市区的行政范围。2001—2020年版《杭州市城市总体规划》确定城市发展方向由原来的以西湖为中心转向钱塘江，以此拉开了详规评估规划建设的序幕。

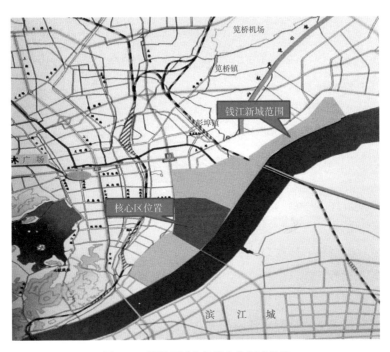

图2-1 钱江新城在杭州市的区域位置

2001年7月，杭州大剧院破土动工，标志着钱江新城启动建设。2002年钱江新城核心区规划方案国际咨询，2003年市政府批复《钱江新城核心区控制性详细规划》明确核心区开发用地4.02平方公里，总建筑面积650

---

① 赵蔚、赵民、汪军、郑翰献：《空间研究11：城市重点地区空间发展的详规实施评估》，东南大学出版社2013年版。

万平方米，功能定位为市级中心。至2010年，钱江新城核心区建设已接近10年，土地几乎全部出让，核心区的道路、市政、公共设施都已经完成建设，特别是中轴线上的市民中心、大剧院、国际会议中心三大项目已经投入使用。新城已经从投资建设阶段逐渐转为收益阶段。钱江新城管委会认为有必要对新城十年来的规划及实施情况进行评价，对建设管理模式进行总结，并在现有成果的基础上提出未来发展的优化策略。于是，2010年8月启动钱江新城核心区规划建设评估工作。

钱江新城核心区评估属于政府与第三方共同评估。2011年新区管委会作为规划评估的主体，成立了评估委员会，对评估工作进行指导、评审和全面协作。委员会主任由管委会总工程师担任，委员会成员由各个处室工作人员组成。钱江新城管委会委托了同济大学课题组和杭州市城市规划设计研究院课题组合作承担评估工作。

（二）评估目标

钱江新城管委会作为市政府的派出机构，主要负责新城的土地开发和一次招商工作。2010年在新城即将建成投入使用之际，管委会因为权限问题，不具有二次招商和持续管理的职能，面临"去留"问题。因此，管委会希望通过核心区规划评估向上级政府呼吁，以评估结果做决策支持、扩大影响，以推动管委会自身职能转型。

钱江新城核心区规划评估目标分为三个层次，第一层次为回顾和评价新城各个领域的建设里程，对其成就进行总结并对不足之处提出建议；第二层次是在借鉴国内外其他成功的中央商务区建设经验的基础上，提出适合钱江新城未来发展的合理建议并预测新城未来的走向；第三层次为结合钱江新城各个方面的建设成就，总结出一系列适合杭州未来大型城市开发项目的经验，为城市未来发展做技术储备。

（三）评估方法及评估测度

在评估方法选择上，在资料收集的基础上建立包括详规实施、空间建设、产业发展、管理体制、可持续发展和经济社会效应等六大方面的指标体系，采用定性与定量相结合的分析方法，测度规划的实现程度。这些指标包括了可量化指标和不可量化指标。可量化指标可通过市场调查和管委会的统计报表中获得，包括建设规模、项目投资额、收益额、项目的市场价值等，该类指标可采用相关的统计方法进行分析处理。不可量化的指标包括满意度、认可度等，该类指标需要引入相关模型进行分析，获得对于规划的综合评价。通过综合运用定性与定量相结合的方法，对新城核心区详规实施进行综合把握。在整个评估工作中，成本和收益分析法、规划平衡表分析法等国外经典的评估方法也得到应用。如多元目标达成的分析方法都在评估的分目标中得以应用，成本收益分析方法在新城经济性评估中的应用，规划平衡表分析法在对新城空间各要素的综合评分过程中的应用等。

在评估测度上，该评估需要探索的问题包括新城定位的实现程度、功能结构的合理程度、产业实现度、实施过程与规划的贴合度、新城开发成果经验等。本次评估建立了包括定位实现度、规划实现度、市场实现度、经济实现度、社会实现度的评估测度，形成对新城的建设之初所设立目标的认识和判断：

1. 定位实现度：针对新城开发之初提出的定位"长江三角洲南翼区域中心城市的中央商务区，是杭州政治、经济、文化新中心"进行实现度的评估。具体从商业办公、金融、文化娱乐、居住等方面进行综合判断。

2. 规划实现度：将核心区已建成的宗地指标与控制性详细规划的指标进行对照，包括用途、容积率、覆盖率等指标，以获取核心区详规实施的规划实现度。

3. 市场实现度：从办公、商务贸易、金融会展、文化娱乐、商业、居住等六个方面的供需市场反应进行判断。通过写字楼、商铺、住宅等物业的售价、租金、空置率等进行综合分析。

4. 经济实现度：对管委会在新城核心区建设过程中的投入和收益进行核算，对新区开发主体的财务表现进行分析。对10年来新区内的土地增值情况进行分析，测算土地的升值和投资回报。

5. 社会实现度：通过调查问卷、座谈等形式对新城核心区规划开发建设中涉及的公众进行调研，包括交通情况、基础设施和公共设施情况、环境质量、空间意向和未来展望等内容，以评估新城的社会认可度。

（四）评估内容及成果节选

在评估内容选择上，钱江新城建设在完成产业化建设后，进入功能化运作阶段，未来面临人文化（社会化）成熟过程。因此，钱江新城详规实施评估主要从以下三方面内容展开：一是审思产业化的定位与实施状况是否适应当前的发展需求与未来趋势；二是全面了解功能化过程面临怎样的问题，以及如何改善；三是思考及预测未来中央商务区作为城市重要区块的特色人文导向。

关于评估成果，该评估项目先后形成了新城核心区空间建设、产业发展、基础设施和交通设施、管理体制、可持续发展和经济社会效应等六个不同方面的专题评估报告。在此基础上，对钱江新城规划建设经验进行总结，包括公共空间规划与建设上的经验和不足、管理模式的创新、财务运作的经验、招商引资方面的建议等。最终形成了完整的项目成果，为新城规划的修编和完善提供了强有力的技术支持。以下节选规划实现度和产业建设评估的部分内容。

1. 规划实现度评估，分为两部分：功能结构实施评估和地块开发实现度评估。在钱江新城核心区功能结构布局"双轴、双核、两带、八片"中（如图 2-2 所示），"双核"中城市核心——市民中心、文化中心均已建成投入使用，规划实施度高。"双轴"也得到较好的实施，按照实施长度比例

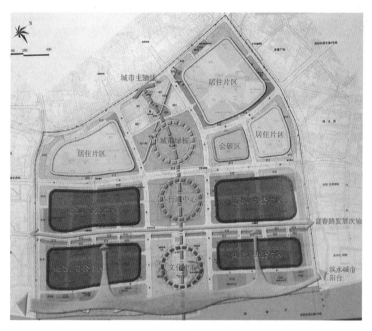

图 2-2　规划空间结构

测算，垂直钱塘江的主轴实施程度超过60%，富春路发展次轴规划的实施度达到82%，"两带"已经完成实施。"八片"规划实施度有高有低，参差不齐。在地块开发实现度评估中，主轴两侧的金融、商贸、办公用地已全部出让，有些已建成，有些在建；主轴线上的项目建设完全实现了规划目标；其他地块未完全实现规划目标。

2. 产业建设评估，钱江新城的产业定位经历了一个逐渐明朗的过程，钱江新城定位由2001年的"以城市新中心发展为核心的综合功能区，具有与国际接轨的旅游功能，高品质的居住功能和可持续的生态功能"到2008年的"集行政办公、金融、贸易、信息、商业、会展、旅游、居住等功能于一体，发挥CBD所具有的综合服务、生产创新和要素集散等作用"。至2010年，钱江新城核心区已引进金融机构十余家，金融产业正在形成，其商务办公物业综合品质高于杭州现有的物业，展现了高端化发展的趋势。钱江新城目前已基本完成第一阶段的产业化，正投入第二阶段功能化的完善。

此外，评估报告还包括钱江新城建成环境和空间形象评估、规划管理和建设模式评估、绿色可持续发展评估等内容，限于篇幅，不再一一赘述。

二、宁波东部新城核心区规划评估[①]

（一）评估背景

宁波市东部新城自2004年11月成立指挥部正式启动建设已历时整五年，而《东部新城核心区城市设计导则》（简称《导则》）于2007年4月获宁波市政府批准后亦已实施近三年。东部新城核心区经过这几年开发建设，有了很大的发展和变化，根据当时《导则》批准时的要求，有必要对《东部新城核心区城市设计导则》实施情况进行一次系统评估，并以此作为下一步《导则》修订调整的依据。2009年宁波东部新城规划建设指挥部规划处袁朝晖处长主持《宁波市东部新城核心区2005—2009年规划实施

---

① 数据资料来源于《宁波市东部新城核心区2005—2009年规划实施评估报告》，编制单位：宁波东部新城规划建设指挥部规划处，袁朝晖处长主持编制，唐云、闻良等参加编制。

评估报告》的编制，规划处唐云、闻良等规划师参加了编制工作，这是一份政府管理部门的内部自评估报告，具有超前意识和创新内容。

宁波东部新城核心区西起世纪大道，东至生态走廊，南起萧甬铁路，北至通途路，总用地面积约 8.45 平方公里，由中心商务区、花园住宅区、混合使用区、行政办公综合区、水巷邻里区、中央走廊文化艺术区、甬新干河区、生态走廊区、商务会展发展区和特定用途区，以及规划保留的浅水湾小区等组成。近年来，东部新城核心区主次干路网骨架基本形成，已出让或落实开发项目的土地将近 50%。如图 2-3 所示。

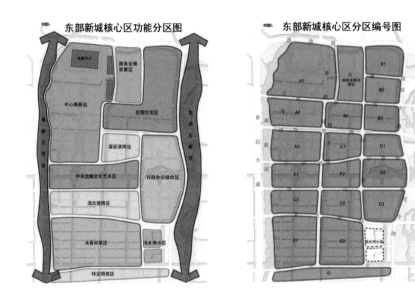

图 2-3 宁波东部新城核心区功能分区及编号

资料来源：《宁波市东部新城核心区 2005—2009 年规划实施评估报告》。

（二）评估目标

东部新城核心区经过这几年开发建设，有了很大的发展和变化，根据当时《东部新城核心区城市设计导则》（以下简称《导则》）批准时的要求，有必要对《导则》实施情况进行一次系统评估，并以此作为下一步《导则》修订调整的依据。

（三）评估方法

一是综合运用比较分析方法，将详规实施指标数据与《导则》的规划数据进行比较。二是结合当前数据运用数据推理预测的方法，来对核心区未来的发展进行预判。

（四）评估内容及成果

宁波东部新城核心区规划实施的评估内容由四部分组成，一是规划实施情况概述，二是规划实施数据汇总与比较，三是规划实施分析与评估，四是规划修改完善建议。2016年1月形成评估成果《宁波市东部新城核心区2005—2009年规划实施评估报告》。

1. 规划实施情况概述

经过近几年建设，东部新城核心区主次干路网骨架基本形成，已出让或落实开发项目的土地近半。主要介绍各主要功能片区中心商务区（A1、A2、A3）、花园住宅区（B1、B2、B3、B4）、混合使用区（C1、C2、C3）、行政办公综合区（D1、D2、D3）、水巷邻里区（E1、E2）、中央走廊文化艺术区（F1、F2）、甬新干河区、生态走廊区、商务会展发展区和特定用途区（G）的详规实施情况。

2. 详规实施数据汇总与比较

为全面准确反映东部新城核心区规划实施情况，并对《导则》实施做出恰如其分的评估，本次评估工作将主要建立在规划动态实施数据收集、汇总、比较基础上，并以此为依据开展综合分析和评估工作。实施项目统计截止时间为2009年11月。纳入详规实施数据统计范围的项目包括已建、在建、已出让土地、已立项、已基本确定土地出让意向或建设方案的地块/项目。详规实施数据库数据收集以项目/地块为单位进行，每个项目/地块的主要指标数据包括用地性质、用地面积、容积率、地上建筑面积、地下建筑面积、建筑高度、建筑密度、绿地率、分项建筑功能/面积/比例、住宅户数、停车位等。同时，借此次规划实施数据整理、汇总之际，建立规划实施数据库，日后随项目开发及时动态更新。

在数据汇总与比较方面，在以地块/项目为单位的数据收集工作基础上，以《导则》划定的次分区（如A1区）为单位进行初步数据整理、汇总。每个次分区整理汇总的主要数据包括开发用地总面积、总建筑面积（计容积率建筑面积）、主要分项建筑功能/面积（包括住宅建筑面积、商业+酒店建筑面积、办公建筑面积）、公共停车位等。以次分区为单位进行详规实施指标数据与《导则》的规划数据进行比较。

例如，按建筑功能分类的开发量评估，按住宅（含服务式公寓）、行政办公、商务办公、SOHO办公、商业、酒店、公寓式酒店、公共服务建筑等，对已实施的11个次分区进行建筑功能分类开发量评估，如表2-1所示。

表2-1　各次分区建筑功能分类开发量评估

分区	住宅		办公+商业+酒店+公寓式酒店		其他公共建筑	
	实施面积	实施增加面积	实施面积	实施增加面积	实施	实施增加
中央走廊以北	65.54	+10.81	176.4	+23.31	23.16	-8.72
中央走廊	0	0	40	0	20	0
中央走廊以南	5.0	-2.69	13.84	-1.39	18.05	+4.08
合计	70.54	+8.12	230.24	+21.92	61.21	-4.64

注：其他建筑类别主要包括医院、学校、行政办公、文化娱乐等公共建筑。

3. 规划实施分析与评估

主要从总体开发实施情况评估、实施与规划契合度评估、对核心区未来开发建设工作的预评估、对核心区生活设施配套的专项评估四大方面展开。

总体开发实施情况评估。主要从不同分区的已开发用地和可开发用地（公顷）两个指标进行比较，核算当前分区的开发率来评估总体开发实施状况。

实施与规划契合度评估。主要从总开发量、按建筑功能分类的开发量、基础设施和公共设施实施情况、建筑高度等其他规划指标实施情况四个方面展开评估。

就东部新城核心区目前已开发建设的几个片区而言，大部分片区实施与规划的契合程度相对较高，出现的一些变化基本属于局部的、细微的变化，一般均在规划允许弹性变化范围之内。不过，也有两个片区变化相对较大，一是B2次分区，综合医院改为社区级医疗卫生设施，同时增加了住宅建筑规模；二是A1次分区即会展区，开发强度变化较大，并可能进一步增加开发量，同时增加了一部分住宅。

在此，通过进一步汇总各次分区规划实施数据，对整个核心区、核心区中央走廊以北区、核心区中央走廊以南区，分别从总开发量、建筑功能分类开发量、公共设施与基础设施配置以及建筑高度等其他几项指标来对核心区规划实施的契合度作综合分析评估，研判实施与规划的偏离程度以及有可能带来的相关问题，为规划适应发展要求进行修正提供依据。

核心区未来开发建设工作的预评估。主要从对核心区未来发展区的总体判断、对城市中心商务区未来发展的判断进行分析。

核心区生活设施配套的专项评估。新城核心区内，需要规划统筹配置的生活配套设施主要有中小学校、幼儿园、综合性医院、专科医院、社区卫生服务中心、菜市场或净菜超市、社区中心等，由于新城核心区沿中央走廊集中规划了市区级文化娱乐和体育设施用地，在建的文化广场、门户区项目也已有不少数量的此类设施，因此未把文化体育设施纳入此次专项评估内容。根据各类设施不同的服务半径、服务人口规模，结合核心区人口分布进行生活配套设施配置水平评估。

4. 规划修改完善建议

根据东部新城核心区开发建设实际和规划管理实践，总结汇总上述分析、评估意见，以及在详规实施过程中已经出现的局部调整，对新城核心区未来几年（按近期建设期限五年考虑）开发建设工作重点、城市规划面临的问题，以及进行局部规划调整的必要性提出基本判断。对东部新城核心区规划修改完善提出建议。例如，成果评审会专家提出东部新城下一步开发建设和《导则》优化建议：（1）建议加强东部新城在可持续发展方面的要求，倡导低碳、节能发展理念，探索制定生态绿色城市（市政、交通、建筑）的建设标准，强化建筑的绿色节能要求，以贴近国际化城市未来要求。（2）优化、细化水边景观、步行系统、自行车网络系统等规划，明确实施步骤与措施。（3）优化开发地块时序，强化新城经营理念，及时配套完善各类公共设施和基础设施，关注城市功能与生活氛围的形成。

三、详规评估实践的经验借鉴

（一）建立详规评估工作机制

1. 推进详规评估工作制度化、规范化

我国可借鉴西方国家的做法，进行详规评估制度化建设。建立详规评估的相关法规、技术规范和评估程序；明确评估工作的组织机构、承担主体，明确各自在评估中的责任和义务；明确对详规评估工作进行监督检查方式、具体内容、程序、周期和处理措施；确定详规评估类型，是属于详规成果评估、详规实施过程评估还是详规实施后评估，确定不同类型评估工作的目的、周期、评估内容、程序和成果形式等要求。制订评估操作规程，对评估主体、对象、技术路线、方法、程序等进行规范，指导评估工作的开展。

2. 建立详规评估工作组织机制

我国尚未形成专门的详规评估服务机构，目前部分城市开展的详规评估是由规划主管部门委托或招标科研院校或专业咨询机构进行。因此，培育一批能够提供专业评估服务的机构十分重要。详规评估应鼓励从政府自我评估向第三方评估为主、多方参与的方向转变，鼓励城市规划学会、协会、高校、研究院所、咨询机构等第三方评估机构参与详规评估工作。

3. 建立详规评估结果的反馈机制

在我国详规评估制度化建设中，必须加强详规评估结果的反馈，使评估结果能够发挥一定的作用，从而避免出现评估流于形式，评估结果存档的消极情况。评估成果应建立多种反馈渠道，并与规划实施主体的责任结合起来，与公众对政府的诉求结合起来，充分发挥详规评估辅助规划决策、帮助规划修编、动态调整规划、检测规划实施效果等职能，实现规划管理的良性循环。

（二）建立详规评估技术体系

我国尚未建立系统的针对详规评估的基本框架，在借鉴国内外相关理论实践的基础上，有必要建立科学合理的详规评估基本框架和技术体系。

1. 建立覆盖全过程的标准化的详规评估报告体系

详规全过程评估覆盖规划文本、实施过程、实施后综合效应三大板块，评估的内容和目标不一致，因而必须设置相对应的标准化的评估报告，来体现评估工作的专业性。建立标准化的评估报告模板的目标在于准确、规范、客观地描述评估结果。并且不同时期的评估报告还可以用来开展纵向比较分析，为城市规划编制、详规实施等提供更深层次的借鉴。

评估报告的模板并非统一的形式，还要根据不同时期评估的目标和内容来建立专项报告和总报告相结合的成果形式。专题报告是对评估过程中的重点专题进行深入研究的技术文件，是总报告必不可少的组成部分。总报告需以各种技术文件和专项报告为基础的、能够全面评估详规。

2. 建立多元综合的详规评估方法体系

要建立多元综合的详规评估方法体系，对详规评估的不同阶段即规划编制评估、详规实施监测和详规实施后综合效应评估的目的和方法进行研究，探寻适当方法，建立有效的指标体系，使详规评估与详规实施机制结合。综合运用定性与定量分析相结合的方法、成本效益分析法、目标实现矩阵、沟通评估法等多种经典方法，实现规划全过程的监督和管理，及时解决出现的问题并对规划进行调校。

3. 建立涵盖城市各领域的详规评估数据体系

数据是开展详规评估的基础，也是详规评估实践能够真正"落地"的基础。详规评估所需要的数据应该越丰富越好，一般来讲，详规评估所需要的基础数据主要是城市基础测绘、城市规划建设、国土资源管理、综合统计等数据。此外，随着信息技术的发展，还要注重采用创新的手段来辅助详规评估，比如利用大数据资源来开展详规评估，在当前的技术手段下已经能够实现。不同类的数据来源不同、生产和更新时间不同、表现形式不同、表达尺度不同，要利用有效的手段将其整合成标准的数据体系。

4. 建立评估信息共享机制

建立完善的基础数据信息共享机制是评估工作顺利开展的前提。应建立起各部门共享的城市数据库，以促进部门协作，提高评估工作效率。通过加强详规实施监测反馈和部门信息沟通，推进城市详规评估数据信息动态更新。要探索建立城市详规评估信息共享机制，开发全国性和地区性的监测系统、评估数据库、为评估工作提供相关的技术支持。

本章重点梳理总结国内外规划评估的理论研究及实践现状，并引用国内杭州钱江新城和宁波东部新城规划实施评估的两个实例，作为本书评估展开的基础铺垫内容。

1. 国外规划评估方法研究，主要对西方城市规划典型评估技术方法如成本收益分析方法、成本效用分析法、规划平衡表法、目标成果矩阵方法、多指标评估方法、沟通评估方法的内涵及演变过程进行了梳理；对国外学者在规划实施效果方面的研究文献进行了总结。国内研究方面，主要梳理总结了近年来国内学者对详规评估的一些具有代表性的研究成果。

2. 仅列举了本书应用的规划评估理论，如可持续发展理论、公共政策评估理论、外部效应理论和空间要素流演化理论等为核心，上述四种理论构建了本书研究的理论基础。

3. 对国内部分城市开展的详规评估实践进行了资料收集和研究借鉴，重点以杭州钱江新城和宁波东部新城规划实施评估的两个实例，分别摘录了两份评估成果中的评估背景、评估目标、评估方法、评估内容及评估结果等内容。在研究学习这两份评估成果的基础上，总结借鉴经验，并在本书内容中处理好"继承与创新"的实践工作。

第三章　福田中心区详规评估背景

第一节　福田中心区概况

福田中心区优越的地理位置、便捷的交通设施、充足的土地储备、良好的生态环境，是深圳20世纪90年代特区二次创业建设行政中心、文化中心、商务中心的最佳区域。

一、中心区概况

1986年版总规明确福田中心区为深圳特区主要中心，将逐步形成金融、贸易、商业、信息和文化中心。1988年基本确定了福田中心区概念规划；1989—1995年间编制了福田中心区详细规划；1996年成立"深圳市中心区开发建设办公室"（为市规划国土局的内设机构）后，中心区开发进入了快速建设的规划实施阶段。1996—2004年期间，福田中心区详规方案、交通规划、城市设计等又经过几次高水平的国际咨询和规划提升，2000年中心区法定图则（第一版）批准后才稳定了详细规划。

福田中心区总用地面积607公顷（包括莲花山公园），其中城市建设用地413公顷，规划总建筑面积按800万平方米控制（市政基础工程实际容量1200万平方米），至2014年年底，中心区已建成建筑总面积1092万平方米。经过二十年的快速建设，福田中心区不仅完全按照规划蓝图实现了规划目标（"三个中心"——行政、文化、商务中心），而且根据特区发展需要超额完成了任务，建成了深圳全市行政中心、文化中心、金融商务中心和交通枢纽中心（"四个中心"）。实践证明，福田中心区的规划理念是超前的，它成功提升了深圳城市形象，并在城市经济产业转型中发挥了重要作用，它是深圳二次创业的主要的规划建设成果。近十几年来在国内城市新区（或 CBD）规划建设中起到了探索和示范作用，成为全国城市规划实施较成功的实例。

二、优越的地理区位和交通条件

（一）福田中心区地理区位好

福田中心区是深圳原特区的地理几何中心，位于深南大道景观交通轴线上，由彩田路、滨河大道、新洲路、红荔路四条主干道构成，中心区城市建设用地面积 4.13 平方公里（不含莲花山公园 2 平方公里）。中心区东临罗湖区和华强北商圈，南临深圳湾（与香港新界隔海相望），西接香蜜湖片区，北枕莲花山（约 100 米高），是莲花山脚下背山面水的一片风水宝地（如图 3-1 所示）。回顾三十多年前，深圳尚未成立福田区，也没有福田中心区。福田中心区当时是莲花山脚下的"皇岗区"[①]，位于原特区的几何中心位置，处于农田、荔枝林、鱼塘、河流等自然生态系统中，上面仅有少量的民房等建筑物。

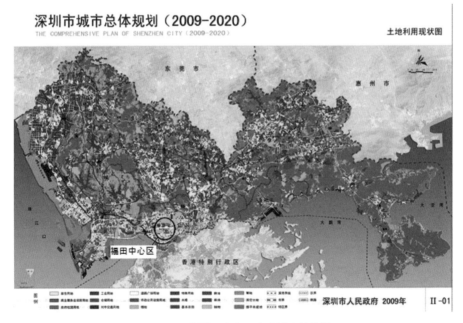

图 3-1　深圳福田中心区在市域中的位置

① 陈一新：《规划探索——深圳中心区城市详规实施历程（1980—2010）》，海天出版社 2015 年版，第 24 页。

（二）福田中心区交通条件优越

福田中心区优越的交通条件体现在以下四方面：

1. 福田中心区拥有深圳轨道交通线路站点最密区域之一，而且中心区的轨道交通可便捷通达东南西北各向。中心区4平方公里建设用地上布局了七条轨道交通线，十几个停靠站点。其中，地铁1号线为东西向线路，东达罗湖火车站，西至机场；地铁11号线从福田中心区西至机场快线；地铁4号线为南北向线路，南至深港交界的福田口岸，北至深圳北站和清湖；京广深港高铁在福田中心区也是南北向轨道，南至香港西九龙，北至深圳北站、光明城站，再往广州方向。此外，其他几条线，地铁2号、3号线也分别连接深圳东北方向、西南方向。未来地铁14号线将连接中心区与东北方向的快线，可达深圳与惠阳的交界处。由此可见，中心区犹如一个轨道线路原点，从中心区出发可便捷通达东南西北各方向。

事实上，2006年确定京广深港高铁线在中心区设福田站后，深圳规划的轨道线网有7经过中心区并设停靠站，2015年底，京广深港高铁福田站已经通车至广州、北京（预计2018年全线通车后只需15分钟可达香港西九龙）。高铁福田站（地下火车站）与5条地铁线换乘接驳。至2016年6月，已经通车的6条轨道线经过福田中心区（地铁1、2、3、4、11号线及京广深港高铁线），使中心区成为深圳轨道网最密片区。福田中心区轨道交通的优势十分明显。

2. 公交线路及场站布局配套完善，福田中心区不仅位于深南大道的公交走廊上，同时在中心区南北两片规划配置了较密的公交线路及场站等，中心区公交线路多、站点多，交通条件十分优越。

3. 中心区的市政路网密度较好，已形成方格网状道路系统，规划市政道路网全部通车。其中9条主干道、8条次干路、18条支路。至2014年已建成快速路0.9千米、主干道15.8千米、次干道11千米、支路10.7千米，道路里程38.39千米，路网密度9.73。

4. 规划了较完善的二层步行系统，从莲花山至会展中心2千米长的二层步行系统，以及延至CBD约2平方公里范围商务办公区的较完整的二层天桥，形成中心区完整的人车分流规划。

5. 中心区对外交通、区位交通条件优越，中心区以南3千米是深港边境福田口岸（地铁 4 号线接驳深港轨道，2004 年已通车）和皇岗口岸（24 小时通关），距罗湖口岸（罗湖火车站）约 6 千米，距深圳机场 30 千米。

三、中心区规划的由来及特点①

（一）福田中心区规划由来

深圳城市规划历史资料显示，1980 年 6 月深圳市经济特区规划工作组编制完成的《深圳市经济特区发展纲要（讨论稿）》提出了福田区最早的规划选址及定位："皇岗区设在莲花山下（作者注：即现在的福田中心区位置），为吸引外资为主的工商业中心，安排对外的金融、商业、贸易机构，为繁荣的商业区，为照顾该区居民生活方便，在适当地方亦布置一些商业网点，用地 165 公顷。"这是特区规划最早的记载。由此可见，福田中心区概念规划最早起源于"吸引外资的工商业中心"，这个"工商业中心"的内涵与 CBD 类似。

1980 年深圳经济特区发展纲要确定了福田中心区的选址及定位后，1981 年深圳经济特区总体规划说明书确定采用组团式结构的带形城市，并首次提出"全特区的市中心在福田市区"。

1982 年深圳特区社会经济发展规划大纲明确"福田新市区中心地段为特区的商业、金融、行政中心。在新市、罗湖、南头、上步四处中心地段，集中安排商业、金融、贸易机构，建立繁荣的商业闹市区。吸引国内外顾客，沟通国内外商品贸易渠道"。

（二）中心区规划特点

福田中心区规划范围一直比较稳定，各阶段规划始终能承上启下，前后衔接，不断深化。中心区规划理念具有超前性和空间规划弹性，具有以下五个特点：

1. 中轴线规划——多功能、立体化、人车分流

中轴线是一条南北向 2 公里长、东西宽 300—600 米的公共空间景观轴线，规划设计为福田中心区的"脊梁"，多功能融合了公共空间、轨道交

---

① 陈一新：《规划探索——深圳中心区城市详规实施历程（1980—2010）》，海天出版社 2015 年版。

通、公交枢纽、商业、文化、停车库等，地下 2—3 层商业停车库，地上局部一层商业文化建筑，屋顶步行广场和天桥连接共同组成了中心区 2 公里长的人车分流的大型屋顶花园。中轴线是深圳"城市客厅"与交通枢纽、商业的集合体，是深圳最大规模的公共空间（市民中心广场），也是深圳迄今为止第一条南北向中轴线。中轴线规划体现了以人为本、步行优先的理念。

中轴线二层步行广场与周围多个 CBD 街坊的天桥连接成一个完整的步行系统，使中心区人行主要集中在二层、地下一层，地面尽量留给车行，形成人车分流的交通模式。

2. 交通规划——"轨道公交+步行"的先行样板

福田中心区的交通规划理念超前，前后二十多年规划始终贯彻公交优先、人车分流的思想，迄今为止中心区"福田站"已成为国内最大的地下交通枢纽之一，位于益田路地下的福田枢纽站总建筑面积 28.9 万平方米，设计流量每年 1000 万人次。京广深港高铁在此设站，口岸设计流量每年 2000 万人次，现已通车福田站至广州南站，预计 2017 年可直达香港西九龙。此外，福田站还在地下与深圳六条地铁线（1 号、2 号、3 号、4 号、11 号机场快线、14 号东部快线）换乘，是集国铁、城铁、地铁、公交于一体的大型综合交通枢纽。

深圳共有七条轨道线经过福田中心区并设停靠站，大型交通枢纽与中心区无缝连接，政府特别重视交通规划对 CBD 开发建设的引导和支撑，使中心区成为深圳各种交通线路、停靠站最为密集的地区，中心区具有最好的可达性、通达性。

3. 城市设计——优美的天际轮廓线，是深圳的一张"名片"

福田中心区自 1987 年就有第一次城市设计，它是深圳乃至中国最早做城市设计的片区，1998 年又创新地建立福田中心区"城市仿真系统"，也是全国第一。中心区通过先进的仿真技术手段有效控制该片区的城市街坊尺度、公共空间效果和每个单体建筑的尺度及外观，大幅度提升了规划设计水平，美化了城市景观，提高了建设质量。

福田中心区特别重视城市设计和建筑设计，力求整体和谐并反映中国文化内涵。自 1998 年起，中心办就采用城市仿真系统为中心区城市设计方案把关，为建筑设计方案的比选提供有力的参考，较好地把握了街坊和建筑的空间尺度和景观的关系。例如，轴线上市民中心的建筑屋顶设计采用"大鹏展翅"造型，由于及时采用仿真技术而抬高了十几米，较好地把握了建筑尺度与莲花山背景的关系，也更加强化了"中国传统的现代建筑"之寓意和色彩。

4. 绿色环保的超前规划理念，体现在：（1）福田中心区的公共绿地面积占总面积比例超过 13%，这在寸土寸金的 CBD 是相当难得的；（2）节约用地、紧凑开发，高度重视土地的立体化开发和综合利用，例如中轴线的立体化多层次利用、地铁上盖的福华路地下商业街等都对中心区土地的功能混合和地下空间的开发给予了高度关注，大幅度提高了中心区土地利用的效率，也使中心区各功能连接更加便利紧凑；（3）公交优先、人车分流的交通规划使中心区具有绿色环保的规划架构。

第二节　福田中心区各阶段规划目标

一、概念规划的编制目标

1980—1988 年福田中心区经历了概念规划阶段，在深圳特区第一版总体规划完成之后又编制了福田分区规划、福田中心区路网规划等，概念规划的各步骤对福田中心区的定位都是前后一致的。

（一）总规"前奏"确定"福田区为全特区的市中心"

1980 年《深圳市经济特区城市发展纲要（讨论稿）》定位福田中心区为吸引外资为主的工商业中心，安排对外的金融、商业、贸易机构，是繁荣的商业区。

1981 年《深圳经济特区总体规划说明书》确定深圳特区总规的基本构架为带形组团式结构，将特区分成 7—8 个组团，组团与组团之间按自然地形用绿化带隔离，每个组团各有一套完整的工业、商住及行政文教设施，职住就地平衡。该说明书首次提出"全特区的市中心在福田市区"。

（二）《86 总规》定位福田中心区为 CBD

1984 年 10 月，深圳市城市规划局首次委托中国城市规划设计研究院（以下简称中规院）来深圳进行特区总体规划设计的咨询工作，并协助完成总体规划设计编制任务。经过大约一年半的努力，于1986年2月正式完成了《深圳经济特区总体规划》（以下简称《86总规》）的编制和印刷工作。

《86总规》确定深圳城市性质为：发展外向型工业、工贸并举、兼营旅游、房地产等事业，建设以工业为重点的综合性经济特区。根据特区依山面海、用地狭长的地理特征，顺应地形和河流界线，结合口岸和建设启动点，《86总规》规划了五个独立的功能组团，组团之间通过绿化带隔开，使特区成为富有弹性的带状多中心组团结构，并用北环大道、深南大道、滨海大道三条东西向干道串联起来。福田区就是其中一个组团，《86总规》明确福田组团以国际性金融、贸易、商业、会议中心和旅游设施为主，综合发展工业、住宅和旅游，并重点安排福田中心区逐步建成国际金融、贸易、商业、信息交换和会议中心，设立各种商品展销中心，经销各种名牌产品，形成新的商业区。由此可见，《86总规》实质上已经定位福田中心区为深圳CBD功能，只不过当时国内尚无CBD的提法。

《86总规》将福田规划为新的城市中心区，并统一征收土地，对土地进行提前预留和控制，为中心区开发建设奠定了空间基础。此外，1986年还编制了福田中心区道路网规划，1987年福田中心区首次城市设计等都对中心区概念规划进行了积极有效的深化工作。

（三）福田分区规划沿用《86总规》对福田中心区的定位

1988年完成的首次《深圳经济特区福田分区规划》继续沿用了《86总规》对福田中心区的规划定位，并对福田中心区规划布局提出了深化意见：金融、贸易、商业、信息交换中心和文化中心沿中心绿带两侧建设。文化中心、信息中心布置在深南路北侧，金融、商业贸易中心布置在深南路南侧。

总之，福田中心区概念规划阶段的编制目标及路径比较清晰明确，对福田中心区的定位从深圳特区全市中心演变为实质上的CBD，规划把福田中心区建成全市的金融贸易中心、文化信息中心、商业中心。

二、详细规划的编制目标

1989—1995年福田中心区详细规划编制及确定市政路网、开发规模总量的主要阶段，在确定中心区详规方案的基础上，进行了市政道路工程的专项规划和施工图设计，并开展现场施工建设。

1989 年政府举行福田中心区规划方案国际咨询、1990 年福田区机动车自行车分道系统规划、1991 年形成国际咨询方案综合稿等详规逐步深化修改，在中观层面基本确定了福田中心区市政道路网构架、中轴线公共景观空间及土地性质、配套公建等基础上，1992 年《福田中心区详细规划》正式提出福田中心区为深圳 CBD 定位，由此进行了福田中心区 CBD 概念及建设规模选择和决策工作。

（一）1992 年中心区详细规划的编制目标

1992 年由中规院编制完成的《福田中心区详细规划》首次提出福田中心区为深圳商务中心区（CBD）功能定位，并提出中心区开发建设规模的高、中、低三个方案。特别值得一提的是：1992 年福田中心区详细规划说明"中心区 1—19 号街坊为 CBD 核心区，规划实行人车集体竖向分层，建筑首层（地面层）作为停车、仓库、设备用房等，建筑二层设置公共步行廊和露天广场（平台）。各街坊利用过街廊道相连，形成 CBD 区内的二层步行系统，与地面机动车完全分离，互不干扰"。事实上，这是深圳首次"立体城市"的提案，使福田中心区二层平台全部集中成为建筑首层门厅和人行广场，地面层做停车和设备用房。遗憾的是，这个"立体城市"构思未能在后续详规中继续深化发展。

1993 年市政府原则同意《福田中心区详细规划》，并明确中心区建设规模为：公建和市政设施按高方案（1280 万平方米）规划配套，建筑总量取中方案（960 万平方米）控制实施，基本同意福田中心区规划的路网格局。从此确定了中心区详规的基本内容框架和建设规模。

福田中心区详细规划编制的主要目标是进一步深化定位中心区为深圳 CBD，确定中心区的市政道路网系统和建设规模。

（二）福田中心区法定图则（第一版）的编制目标

在 1992 年《福田中心区详细规划》成果基础上，经过 1996 年中心区核心地段城市设计国际咨询取得优选方案后，希望将优选方案的成果内容法定化，形成规划实施过程中长期执行的法律依据。因此，从 1998 年 5 月《深圳市城市规划条例》公布后，以福田中心区为代表的深圳第一批法定图则的试点进入编制、公示、审批程序。中心区第一版法定图则 1999 年草案定稿，至 2000 年 1 月通过审批，它继承了 1992 年详规确定的深圳 CBD 定位。福田中心区从 1992 年首次详规至 2000 年第一版法定图则（相当于第二次详规），历经了整整八年时间，这表明深圳市政府对深圳 CBD 的城市规划方案的确定过程是非常重视和审慎的。

福田中心区第一版法定图则的编制目标是使中心区详规和城市设计内容法定化，保证规划实施。

（三）福田中心区法定图则（第二版）的编制目标

虽然福田中心区第一版法定图则是 2000 年 1 月审批，但 1998 年即已基本定稿。随着中心区详规实施及市场投资的发展需求，中心区法定图则将与时俱进地进行修编。2002 年对中心区法定图则进行修编形成第二版法定图则，同年 10 月通过审批。中心区第二版法定图则的编制目标是吸收 1998 年 CBD 的 22、23-1 街坊城市设计成果，1999 年中心区城市设计综合规划国际咨询的成果，以及会展中心重新选址到中轴线南端等新的需求变化，并预留一定比例的发展备用地，为后来金融办公总部的大批量建设做了土地储备。

综上所述，福田中心区详规编制目标是将深圳 CBD 定位扩展为深圳行政、文化中心和商务中心（CBD），细分街坊地块，细化土地使用性质，深化公共空间的城市设计，落实中轴线与 CBD 核心区建立人车交通竖向分层的二层步行系统的规划设计。

三、城市设计的编制目标

1987—2004 年的十七年间，福田中心区共举行过八次较有影响力的城市设计（分别于 1987 年、1994 年、1996 年、1998 年（两次）、1999 年、2008 年、2009 年），这八次城市设计中有四次是国际竞赛，在深圳具有划时代意义，其内容成果对福田中心区后续规划设计及详规实施产生较深远的影响。

（一）1987 年福田城市设计的编制目标

福田中心区的城市设计始于 1987 年，这是中心区的第一次城市设计，也是深圳市的第一次城市设计。《87 城市设计》[①] 在宏观层面制定了深圳城

---

① 陈一新：《规划探索——深圳中心区城市详规实施历程（1980—2010）》，海天出版社，2015 年版。

市结构、道路交通、人口密度、高层建筑、工业开发、旅游开发、绿化环境等战略性政策及城市设计指导方针；在中观层面专题编制了福田中心、罗湖商业中心、旧深圳改造等城市设计建议。

《87城市设计》成果包括：福田中心区规划的总体构思、土地利用、交通规划、详细的城市设计导则、景观规划以及实施意见等六个部分。《87城市设计》编制目标是在深圳特区总规的基础上，确定中心区的土地利用性质及功能布局，提出了中轴线公共空间的形态及两侧界面设计；中央广场的空间界定、天际轮廓线及标志性建筑；深南大道中心区段两侧的空间形态设计；还提出了拟建两条南北向商业街等内容。这是一次具有国际视野、有远见高水平的城市设计，在深圳具有里程碑的意义。

（二）1994年福田中心区（南片区）城市设计

福田中心区（南片区）1994年城市设计是在1992年《福田中心区详细规划》基础上编制的，这次城市设计编制目标是美化南片区CBD公共空间的形态，细化各街坊建筑群设计，既吸引投资商的兴趣，也为CBD开发建设提出公共空间形态的控制指引。

（三）1996年中心区核心地段城市设计国际咨询

由于1995年深圳市城市规划委员会年会上，委员们对1994年福田中心区（南片区）城市设计成果提出了建设性意见，建议深圳市政府再次举行福田中心区城市设计国际咨询，为中心区制订一个具有国际视野和国际水准的城市设计方案。因此，深圳市政府同意市规划国土局开展一次较大规模的中心区核心地段城市设计国际咨询。

1996年国际咨询的目标是确定福田中心区核心地段（中轴线两侧1.93平方公里范围）城市设计和市政厅（市民中心）建筑设计方案。咨询结果取得了优选方案，包括城市设计成果和市政厅（鲲鹏展翅的建筑造型）方案作为市政府即将投资建设的公建工程设计的实施方案。

此次优选方案的城市设计特点包括：1. 确定中轴线公共空间作为人车分流的绿色轴线，连续不断地以二层平台（天桥）形式跨越其经过的几条主次干道；2. 在金田路、益田路可集中布置两条商业街，并用二层人行步道联接；3. 确定南片区东西两个购物公园，布置在CBD与居住小区过渡空间之间，以保留深圳本地特色的古建筑和商业步行街。上述城市设计特点在后续规划中得到逐步深化设计并实施。

（四）1998年中轴线城市设计深化

1998年福田中心区举行了两次影响力较大的城市设计，即中轴线城市设计深化和22、23-1街坊城市设计。

中轴线城市设计深化是对中心区1996年核心区城市设计国际咨询优选方案成果的深化和落地设计，编制目标是使中轴线形成一条2公里长的集休闲广场、商业文化、交通枢纽、生态示范、停车库等多功能于一体的生态信息景观轴线，由此明确划分政府投资的公共空间和市场投资的经营空间之间的界线，让政府和企业采用PPP模式（虽然当时并未采用此名称，但实际内涵一致）共同投资建设中轴线，这种公共空间的投资建设方式在当时是十分超前的。

（五）1998年22、23-1CBD街坊城市设计

福田中心区22、23-1街坊城市设计的编制目标是为即将投资CBD商务办公楼的十二个开发地块确定一个详细城市设计导则，以形成CBD街坊优美的天际轮廓线和建筑群体效果，并使十二栋高层商务办公楼之间形成连续舒适的步行道。

（六）1999年中心区城市设计综合规划国际咨询

1999年福田中心区城市设计及地下空间综合规划方案国际咨询，是一次中心区全范围的包括地上城市设计和地下空间利用规划的国际咨询，这次咨询的目标是综合考虑交通规划的调整、结合地下空间的开发利用调整地上公共空间的形态和天际轮廓线。该规划成果不仅填补了中心区地下空间规划的空白，而且强化了金田路、益田路两侧超高层建筑的天际轮廓线，形成"双龙飞舞"的城市设计导则，优化了中轴线公共空间的规划设计，全面提升了中心区空间形象特征。

（七）2008年深圳金融中心区四个高层建筑及城市设计国际竞赛

这是位于福田中心区北片区（原高交会馆位置）的金融中心街坊的城市设计国际竞赛，这一做法的出发点是将深交所周边四个独立的建筑项目统一进行城市设计与环境设计，与深圳市重点推进节能减排绿色建筑的政策相一致。但该城市设计的编制时机不当，在深交所已经开工建设，周边四个项目都已完成签订土地使用权出让合同书的情况下，城市设计成果难

以实施。

（八）2009年水晶岛设计方案国际竞赛

这次竞赛的出发点是希望加快确定水晶岛设计方案，整合福田中心区地下空间及市民中心广场，力争使水晶岛开发与京广深港高铁福田站综合枢纽工程同步建设，避免重复开挖施工造成的浪费和不良影响。

综上所述，福田中心区八次城市设计的编制目标为：在不断优化调整中心区路网交通、轨道交通规划设计的基础上，深化中轴线城市设计实施方案，制定和调整CBD详细城市设计导则，设计优美舒适的公共空间系统，营造优美的城市天际轮廓线。前六次城市设计成果都汇入了福田中心区第二版法定图则（如图3-2所示）最终采用法定图则的形式保证中心区规划成果的实施。

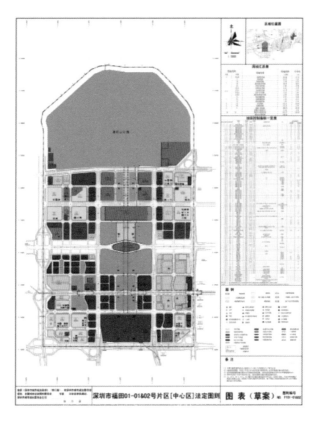

图3-2　福田中心区法定图则第二版

第三节　福田中心区规划实施内容及过程[①]

一、中心区规划实施内容[②]

福田中心区是深圳二次创业的空间基地，综观中心区从梦想萌芽、规划蓝图、确定详规，到市政建设、市场开发、轨道增加、功能提升等三十多年历程，每年的主要规划成果、已实施重点内容、未实施内容等详见表3-1。每次规划、每个阶段都紧系着深圳城市经济发展的脉搏，始终贯穿功能定位、土地经济、交通规划、城市设计四条主线，在中心区规划实施的背后"看不见的手"是深圳市场和产业经济快速转型的动力。

表3-1　福田中心区35年详规实施内容列表

年份	重要规划事项	规划实施重点内容	
		已经实施	尚未实施
1980	深圳经济特区城市发展纲要	福田区未来以三产为主的经贸、商业区	—
1981	深圳特区总体规划说明书	特区中心在福田区，确定城市组团结构	—
1982	深圳特区总规简图1982	中心区方格网道路、莲花山下中轴线	—
1982	福田新市规划纲要（香港）	规划方案被否定	—
1983	深圳特区总规草图	中轴线与深南路形成"十"字轴雏形	—
1984	全市绿化规划	在福田中央干道北端建市民广场	—

---

① 资料来源：陈一新：《规划探索——深圳中心区城市详规实施历程（1980—2010）》深圳：海天出版社，2015。

② 资料来源：陈一新：《深圳福田中心区（CBD）城市规划建设三十年历史研究（1980—2010）》，东南大学出版社，2015。

年份	重要规划事项	规划实施重点内容	
		已经实施	尚未实施
1985	深圳特区道路交通规划报告	组团内外分流、客货分流，以公交为主	福田新中心步行系统，机非分流
1986	深圳经济特区总体规划	中心区方格路网、中轴线与深南路两轴	—
1986	福田中心区道路网规划	区内以步行、公交、出租车、客车为主	机非分流、人车分流
1987	深圳城市设计福田中心区篇	中轴线两侧高层，深南路预留轨道用地	两条南北向骑楼商业街
1988	关于开发福田新市区的报告	政府开发，统一出让，先外围后中心	—
1988	福田分区规划	方格路网将中心区划分为20个地块	南区两条东西向步行商业街
1989	福田中心区规划方案征集	中轴与深南路十字轴设一标志性建筑	道路实行机非分流
1990	市规委四次会议中心区规划	中规院、同济大学、华艺等三家方案	福田区机非分流道路系统
1991	综合优化1989年的征集方案	三个层圈功能布局，中轴线是精彩之笔	自行车专用道
1992	福田中心区详细规划	方格路网；中轴线及广场；功能布局	—
1992	市政工程规划设计	方格路网；市政工程容量；	—
1993	福田中心区详细规划批复	市政设施按高方案，建筑总量按中方案	—
1993	福田中心区中水利用可研	—	集中供应中水
1994	中心区城市设计（南片区）	总建筑规模从高方案调整为中方案	—
1995	规委提议中心区城市设计	完成80%市政道路工程施工	—
1996	核心区城市设计国际咨询	立体绿色中轴线；市民中心；购物公园	两条南北向商业街及二层步道

年份	重要规划事项	规划实施重点内容	
		已经实施	尚未实施
1996	成立中心区开发建设办公室	加快深化实施规划设计	—
1996	地铁一期中心区线位比较	地铁 1 号线、4 号线一期工程实施	—
1997	中心区法定图则第一版	土地性质、市政配套、中轴线	—
1997	中心区交通详细规划	公交优先策略；增加市政支路	公交出行 70%，步行等出行 20%
1998	确定五大公共文化建筑工程设计	年底开工奠基	—
1998	中轴线公共空间系统详规	商业交通休闲复合多功能立体中轴线	生态—信息轴线
1998	22、23-1 街坊城市设计	CBD 办公街坊城市设计全面实施首例	—
1999	中心区城市设计及地下综合	双龙飞舞；福华路与中轴地下十字轴	水晶岛标志
2000	批准中心区法定图则第一版	土地性质、市政配套、中轴线	—
2000	中轴线两侧人工水系可研	—	决定不实施水系
2001	会展中心工程前期筹备	连接中轴线二层步行；调整周边交通	—
2001	第二代商务办公楼建设	按照规划实施建筑工程	—
2002	批准中心区法定图则第二版	1998—2000 年规划设计成果被采纳	—
2002	《深圳市中心区城市设计与建筑设计 1996—2002》系列丛书十本出版	中心区规划建筑设计方案的整理编纂	—
2003	中心区六大工程完成土建	带动中心区详规实施	—
2003	中心第二代办公楼建设	—	—

年份	重要规划事项	规划实施重点内容	
		已经实施	尚未实施
2003	中心广场和南中轴建筑（5地块）及景观工程同步实施	设计合同签订后暂停，改为各地块分开实施，政府招标景观方案	工程实施从整体改为分块
2004	第一批金融总部建设选址	开始实施中心区金融中心功能	—
2004	地铁一期（1号、4号线）建成通车	按规划实施地铁工程	—
2004	完成中心区丛书第11、12册续编	全国公开发行	—
2004	中心区开发建设办公室撤销	—	延误中心区详规实施的良机
2005	南北中轴线分块建设	北中轴按规划实施为书城	水晶岛暂定为临时工程
2005	开始金融总部办公建设	—	—
2006	广深港高铁选址中心区	高铁福田站实现中心区交通规划策略	已经实施
2007	中心区新增5条轨道线	大力增加中心区轨道交通线路和站点	—
2007	中心区建设项目完善计划	请示列出道路、公共景观等30项工程	未实施
2007	29-31-32街坊二层步行规划	—	成果未纳入实施计划
2007	规划馆与艺术馆方案公开招标	因造价超财政预算，几经修改后延期6年开工	2013年改用BOT模式建设
2008	23-2街坊详细规划	第二批金融机构总部建设	—
2008	4+1金融建筑城市设计竞赛	建筑方案修改较大	城市设计方案
2009	中轴线空间深港双城双年展	增强中轴线公共空间的文化内涵	—

年份	重要规划事项	规划实施重点内容	
		已经实施	尚未实施
2009	水晶岛方案国际竞赛评标	—	二层高架圆环，水晶岛土地使用权待出让
2010	中心区法定图则第三版修编	完善二层步行系统及地下空间体系	至2016年尚未通过审批
2011	地铁工程快速建设	经过中心区的1、2、3、4号线建成通车	—
2015	深圳证券交易所大厦建成	—	—
2005—2016	金融办公总部大规模建设	实现了以金融贸易为主的CBD功能定位	中轴线二层步行系统
2016	地铁11号机场快线通车	—	—

（资料来源：陈一新：《深圳福田中心区（CBD）城市规划建设三十年历史研究（1980—2010）》，东南大学出版社，2015年。）

二、中心区规划实施五个阶段

（一）收回福田新市区土地开发协议，征地拆迁储备土地（1980—1992年）

1986年深圳市政府收回了与香港合和公司合作开发福田新市区30平方公里的土地使用权协议（1981年签订）为福田中心区的详规实施储备了用地。1988年市政府决定开发建设福田新市区，市国土局根据《深圳经济特区土地管理条例》和市政府相关文件的规定，依法对福田新市区（总用地面积44.5平方公里）范围的农村集体所有土地进行统一征用。1990年，因福田区的大部分土地仍属于各村集体土地，市政府同意福田区岗厦村、皇岗村、新洲村等共11个村11492亩土地用于兴建福田新市区工程，市国土局对该范围内农村集体土地依法进行统征①。虽然福田区征地工作持续了十几年，但由于征地工作进展缓慢，已经影响了中心区详规实施。直到

---

① 陈一新：《规划探索——深圳中心区城市详规实施历程（1980—2010）》，海天出版社，2015年。

2001 年，市政府为了重新安排会展中心在福田中心区中轴线南端的用地，需要征收皇岗村的部分用地（这也是中心区征收的最后一块地），同年 3 月，市规划国土局与皇岗村签署《拆迁补偿协议书》，为会展中心腾出用地。福田新市区的土地统征为中心区详规实施储备了土地空间，此乃详规实施第一步。

（二）市政基础工程建设，第一代商务办公楼建设（1993—1996 年）

1993—1996 年是福田中心区市政道路工程建设最快速最集中的阶段。1993 年是深圳特区成立以来市政基础设施投资建设最多的一年，计划总投资 80 多亿元人民币，土地开发总规模为 20.8 平方公里，土地开发供应计划以福田中心区为重点。1993 年底完成中心区市政工程施工图设计后，进行市政道路工程"七通一平"建设。

城市经济活动的变化要求物质空间与之适应，商务空间的建设规模取决于产业经济发展的需要。在影响商务空间数量的产业中，贸易、金融、专业化、服务业的产业规模越大，城市需要的办公空间也越大。统计数据显示，1995 年深圳 GDP 仅 840 亿元，市场对商务空间的需求较小，当时福田中心区竣工建筑面积仅 3 万平方米，中心区开发完全靠政府投资推动。1996 年深圳 GDP 首次超过 1000 亿元，同年福田中心区竣工建筑面积近 30 万平方米（以住宅、公建为主）。

1993—1996 年出现了中心区第一代商务办公楼建设，例如，中银花园、大中华交易广场、投资大厦、邮电枢纽大厦呈现出小规模、小体量、小分隔的特征。

1996 总规提出重点建设福田中心商务区，CBD 位于福田中心区南片区，规划用地面积 130 公顷，是由金融、贸易、信息、管理以及服务业等活动场所共同构成的城市核心地带，也是未来 15 年深圳城市建设的重点，体现深圳 21 世纪的城市形象。1996 年市政府专门成立了福田中心区开发建设办公室（以下简称中心办），从此开始了中心区八年快速建设时期。中心办秉承规划承上启下，一边深化修改一边规划实施。

（三）政府投资公建，市场投资住宅，第二代商务办公楼建设（1997—2002 年）

1997 年起市政府开展中心区六大重点工程项目（市民中心、图书馆、音乐厅、少年宫、电视中心、地铁一期水晶岛试验站）的方案设计国际竞赛（地铁一期水晶岛试验站除外）和设计前期准备工作，该六大工程于1998年底同时开工奠基，显示了市政府投资建设福田中心区的决心，由此也带动了市场投资住宅项目，1996—2000年，中心区四个角部住宅建设形成高潮，在规划确定的居住范围及规模的基础上，适当减少和控制，以预留更多的商务办公用地。

1997年香港回归，接踵而至的亚洲金融风暴对香港经济造成很大冲击，对当时主要面向港商的福田中心区招商项目的影响很大。恒基、港中旅等几家港商退出中心区投资项目。市政府加快大量投入行政文化公共建筑投资，1998年底市政府投资中心区六大重点工程（市民中心、图书馆、音乐厅、少年宫、电视中心、地铁一期水晶岛试验站）同时开工奠基，希望以大规模财政投资公建带动市场投资CBD。1997—1998年亚洲金融风暴，中心区竣工面积为零；1999年经济仍处于金融风暴阴影之中，中心区竣工面积近6万平方米（以住宅为主）；2000年深圳GDP首次突破2000亿元大关，其后几年也是中心区第二代商务办公楼建设的重要时期，以批量建设出现的22、23-1街坊"十三姐妹"办公楼，因城市设计的完整性而整片开发建设，标志着CBD商务办公楼投资建设高潮的来临。

1999年中心区（见图3-3，1999年福田中心区实景）第二代商务办公楼启动，并建立了中心区城市仿真系统。2000年初批准中心区第一版法定图则，2001年开展会展中心工程前期准备工作，2002年批准中心区第二版法定图则，中心区十本丛书出版。

图3-3　福田中心区实景1999年，郭永明摄影

（四）第三代商务办公楼建设，金融总部建设启动（2003—2007年）

此阶段是深圳特区成立二十多年来经济快速腾飞的时期，这时期已基

本完成福田中心区详规修改完善工作，且以法定图则的形式稳定下来，确保今后能按详规实施建设。2002—2007 年间兴起了中心区第三代商务办公楼建设热潮，以凤凰卫视、嘉里商务办公、香格里拉酒店、新世界中心等工程为代表项目，其特征是建筑占地较大、标准层较大、建筑体量较大，有利于景观办公建筑及内部空间的灵活分隔。

2003 年中央政府与香港政府签署了 CEPA（Closer Economic Partnership Arrangement《关于建立更紧密经贸关系的安排》），改善了内地与香港之间人流、物流、信息流、资金流互不畅通的状况，香港和内地形成了新的产业合作关系。因此，中心区开发建设形势更佳，第三代商务办公楼建筑工程启动。

2003 年深圳 GDP 突破 3000 亿元，深圳经济迅速发展，中心区工程建设量大幅攀升。这年深圳市颁布《深圳市支持金融业发展若干规定》等文件，金融业界多家机构酝酿进入中心区投资办公总部。2004 年中心区六大重点工程陆续建成，市民中心、少年宫等部分项目投入使用。2004 年深圳 GDP 首次突破 4000 亿元，福田中心区也迎来建设高潮，当年中心区竣工面积 192 万平方米，是市场投资最集中阶段。中心区第二代办公楼少量建成，中心区整体轮廓线初现，深圳经济产业转型将进入更高发展阶段。

（五）第四五代商务办公楼建设，全部为金融办公总部（2006—2016 年）

2006 年年初，深圳市政府《关于加快深圳金融业改革创新发展的若干意见》等一系列政策措施，使深圳城市产业发展进入第三次转型，金融业迅速崛起，福田中心区迎来了金融总部办公楼建设的高潮。2006 年 8 月确定广深港客运专线在福田中心区设福田站，深圳城市轨道交通网络的深化规划和发展，使中心区集中了更多的轨道交通线路和站点，也增加了中心区的投资吸引力。

2006—2011 年深圳经济持续上升，产业转型发展到新阶段，众多金融机构等一系列高端产业开始瞄准中心区，形成中心区金融办公集聚的大好形势。由于政府及时制定和提高了金融机构进入中心区投资的"门槛"，政府要求金融办公总部以投资者自用为主，使办公房地产项目无法在中心区继续投资，并在土地政策上保证金融中心的实现。由此产生了中心区第四代商务办公楼,真正意义上的金融办公总部建设,其间每年竣工建筑面积 30 万—60 万平方米,都以商务金融办公建筑为主。由于第四代商务办公楼是进入中心区的首批金融机构,相对规划选址的用地面积较大、标准层较大、建筑体量较大,是金融总部办公中位置条件较优越的一批。

2012 年深圳顺利度过了全球金融危机后,经济发展继续快速前行。中心区再次掀起了金融总部投资建设热潮,将中心区储备的"边角"用地统统"挖掘"出来,建设金融总部办公楼。由于中心区土地出让接近尾声,因此,第五代商务办公楼的占地相对较小、标准层中等、建筑体量中等,但投资者实力必须保证在"门槛"之上,且保证金融办公总部大楼以投资者自用为主的土地出让条件。第五代商务办公楼的顺利建设,反映出深圳高端商务办公的需求市场已日趋成熟。

第四节 福田中心区规划实施效果

一、中心区规划实施进展

(一) 中心区现场建设情况

福田中心区从 1980 年特区发展纲要设想莲花山下的金融商贸区,到 1993 年进行市政道路工程建设,经过三十年的规划设计,二十年的详规实施,基本实现了规划蓝图。福田中心区城市建设用地 413 公顷中,可出让土地 204 公顷,已经出让约 200 公顷,已出让土地占总量的 99%,接近完成土地出让。

1. 地上建筑建成情况

据官方统计,截至 2014 年底,福田中心区已建成建筑总面积 1092 万平方米(约占规划总建筑面积的 90%),共 321 幢永久建筑物,其中已竣工建筑 909 万平方米(309 幢),在建的建筑面积 183 万平方米(12 幢)。

按建筑功能分类,福田中心区已建成建筑中:

办公建筑面积 703 万平方米(74 幢),占建成总面积的 64%(其中商务办公建筑面积 652 万平方米,占建成办公面积的 93%);

商业建筑面积 83 万平方米,占建成总面积的 8%;

住宅建筑面积 198 万平方米，占建成总面积的 18%；

政府社团 76 万平方米，占建成总面积的 7%；

市政公用 32 万平方米，占建成总面积的 3%。

上述可见，福田中心区已建成办公建筑面积近 2/3，行政文化建筑和市政公用配套近 1/10，住宅建筑面积近 1/5，中心区已经建成了真正意义上的 CBD，是名副其实的行政中心、文化中心和交通枢纽中心，它按照规划蓝图实施后取得较好效果。

2. 地下空间建设

福田中心区地下公共空间规划以中轴线和福华路地下街组成"十字形"的开发。规划以中轴线及两侧可以连通的地下公共空间（不含地块独立的地下车库）的总建筑面积约 80 万平方米，其中一半以上已经建成使用，包括福华路地下商业街以及与会展中心连通的地下通廊。

（二）市政道路交通及配套设施工程全部建成

1. 市政道路工程。从 1993 年起，福田中心区完成市政详规、市政工程及电缆隧道设计后，市政府立即投资建设市政道路工程。至 1996 年已完成市政建设工程总量的 80%，中心区主次干道框架基本建成。1997 年以后在中心区详规深化修改中，逐渐加密市政支路网，随建筑工程进度逐步施工实施。2011 年实地调研统计[①]，福田中心区已建成的现状道路网包括：快速路 0.9 千米、主干道 15.8 千米、次干道 11.0 千米、支路 10.7 千米，其中主干道、次干道的路网密度都能满足深圳市城市规划标准与准则的要求，但快速路、支路的路网密度不足。

2. 配套设施。福田中心区的配套设施工程都按规划建设的实际需求进度同步实施，至 2011 年已建成变电站 5 座、通信机楼 2 座、微波站 1 座、邮政支局 1 座、邮政所 2 座、垃圾转运站 2 座，市政配套设施较为完善（见图 3-4，2016 年福田中心区实景）。

3. 轨道交通。深圳轨道交通规划线路中经过福田中心区并设站的轨道线共有七条线，其中已经建成了五条地铁线和一条高铁线，具体线路及通

---

① 资料来源：《深圳市福田中心区法定图则（第三版）调研报告》，深圳市规划和国土发展研究中心，2011 年。

图 3-4　福田中心区实景

2016 年 6 月，陈一新摄影

车时间为：2004 年 12 月地铁线一期工程 1 号、4 号（部分段）建成通车，2011 年 6 月地铁 2 号、3 号线全线通车，2015 年 12 月，京广深港客运专线福田站开通至广州的高铁（即将开通福田站至北京的高铁，预计 2018 年该高铁接通香港），2016 年 6 月地铁 11 号线（机场快线）通车。此外，规划的地铁 14 号线尚未开工。

（三）公共建筑及配套设施全部建成

1. 大型公建全部建成，福田中心区现已建成使用的市级公共建筑和文化设施共九项：美术馆、博物馆、图书馆、音乐厅、少年宫、市民中心、电视中心、会展中心、书城中心城。市民中心 2004 年 5 月正式启用，少年宫 2004 年 6 月竣工使用，深圳会展中心 2004 年 10 月建成启用，深圳书城中心城 2006 年 5 月投入使用，图书馆 2006 年 7 月正式对外开放，深圳电视中心 2006 年竣工，音乐厅 2007 年 2 月开始演出，深圳当代艺术馆与城市规划展览馆（简称"两馆"）已经完成土建和设备安装，正在进行室内装修，尚有待布置展览。预计不久将开馆使用。

2. 配套设施全部建成，福田中心区还建成教育设施 11 所（幼儿园 7 所、小学 2 所、中学 2 所）、综合医院 1 所、商业设施 70 多处以及运动场、居委会、警务室、社区服务站等多处，各项配套设施较完善。

（四）中轴线公共景观空间尚未完成

福田中心区中轴线占地 54 公顷、长 2 千米，采用南北向二层平台和天桥连接跨越中轴线上的八个街坊地块，共计有 9 座连接天桥。现已经建成使用 4 个地块和 3 座天桥，其余尚未完成建设。未来中轴线全部建成后，二层步行平台将建成面积达 10 万平方米的大型屋顶花园，将实现公交枢纽站、地铁站、大型商业、地下停车库、屋顶绿化广场等复合公共空间全步行连接，真正实现人车分流的规划蓝图。2009 年第三届深港城市\建筑双城双年展在中心区中轴线公共空间举行，显示了中轴线的磅礴大气及人车分流交通规划的优越性。

二、中心区规划实施后综合效应

福田中心区三十五年来，规划建设卓有成效，特别在超前规划思想的指导下，中心区详规实施取得了良好的综合效应，实现了经济建设、社会发展及生态环境等全面协调发展。2014 年中心区建成情况显示，中心区已出让土地占总建设用地面积的 99%，已建成建筑面积占规划总建筑面积的 90%，其中：已建成办公建筑面积占建成总面积 64%；商业占 8%；住宅占 18%；行政文化和市政公用占 10%，中心区已经按规划蓝图建成了中央商务区（CBD）和行政文化活动中心。

（一）最佳社会效益——按规划蓝图实现了"全特区的市中心"定位

2013 年，全球权威调研机构尼尔森发布《深圳中心区蓝皮书》，在该蓝皮书里梳理福田中心区的八大核心价值，再次重申其中心地位。第一是行政中心；第二是金融中心；第三是高级办公中心。福田中心区现拥有 29 栋甲级写字楼，占全市总量的 70%。2015 年前福田还将相继建成 19 栋重点商务楼宇。第四则是总部经济中心；第五是消费中心；第六是高端居住中心；第七是交通中心。深南大道、滨河大道穿过中心区，已开通的 1、2、3、4 号地铁线已在中心区运行，未来的 16 条地铁线路中，共有 7 条经过中心区。第八是文化中心。福田中心区经过三十五年的规划建设，终于实现了 1981 年深圳特区总规定位的"全特区的市中心"，这是中心区规划实施后最主要的社会效益。

环顾世界发达国家与地区如新加坡、纽约和我国香港等城市中心区发展的历程，考核一个区域的实力往往不在于它具备多少资源，而在于它能整合多少资源，能在多大范围内配置资源。因此，福田中心区独特的政治、经济以及毗邻香港的地理优势对于深圳市而言，就是一个特定无形资产或软资源的集聚区，同时也是深圳中轴线最重要的核心区和原点。福田中心区以其优越的地理区位、轨道交通优势、规划较完整实施等因素，以及较高的产业聚集效应和良好的溢出效应，使中心区的生产性服务业与深圳及周边的高增长、高效应、高关联度的大格局紧密相连，形成若干个产业集群，共存共荣，相得益彰的最佳格局。

（二）人口、就业和社会服务的整体提升

福田中心区详规实施后整体提升了福田区乃至深圳市的人口、就业和社会服务水平，产生了良好的社会效应，使深圳在政府服务效率、社会服务体系、产业配套能力、交通便利程度、诚信体系、社会治安状况、城市文明程度、整体教育和文明水平、劳动者素质等方面都有显著提升。由于中心区高端产业的聚集，形成了大量的就业机会，大规模的中高端人才在此形成聚集，为中心区"知识经济""创新经济"提供了坚强的后盾。深圳人才结构进一步优化，整体教育水平和劳动者素质得到提高。此外，中心区已建成的较完善的市政交通配套工程，也发挥了积极的社会效应。

（三）实现了金融主中心定位——金融产业已在福田中心区集聚

福田中心区能够实现深圳金融主中心定位，得益于长期储备用地，中心区前二十五年规划建设过程中一直储备着商务办公用地，为深圳金融机构的二次创业办公总部建设做好了用地空间准备。2005年市政府制定了中心区金融办公用地的市场准入机制，第一批金融机构总部选址中心区，在中心区投资建设办公总部的金融机构近二十家。特别是2006年京广深港高铁站选址中心区益田路（地下火车站），中心区轨道交通线由两条增至七条，强化了中心区交通枢纽的地位，因此更加吸引商家的投资。2008年金融机构踊跃投资中心区建设金融办公总部，第二批金融机构总部选址中心区，金融投资空前活跃。2010年中心区金融总部办公蓬勃建设。2012年统计数据显示，福田中心区在建商务办公建筑和岗厦村城市更新项目总面积约290万平方米，其中金融办公建筑面积约160万平方米。近几年已经陆续建成，使福田中心区真正实现了深圳总规确定的金融主中心的CBD功能定位。

（四）中心区大幅提升了福田区的经济效应

从福田中心区的经济发展来看，中心区产业结构合理，目前已形成了金融服务、现代商贸、现代物流、高端旅游、国际会展等为特色的高端服务业产业集群，入驻各类企业 9600 多家，就业人员 17 万人，其中聚集国内外总部企业共有 128 家。福田中心区城市建设用地面积仅占福田区的 5%，但 2014 年中心区实现增加值 627 亿元，GDP 占福田区 GDP 总值的 21%，因此，福田中心区的建成明显提升了福田区的经济效应。

（五）环境效应

虽然在福田中心区概念规划的 20 世纪 80 年代，国内环保问题并不突出。90 年代中心区详规也未特别重视低碳节能设计，直到 90 年代末，中轴线详细规划设计时建筑师曾提出要在北中轴建几个小型的生态环保示范工程，最后由于工程小、造价高、效果甚微而放弃设计。后来，中心办曾有专家提出在市民中心周围建雨水利用设施等，因多种原因也未实现。尽管如此，福田中心区从概念规划开始就构架一个整体低碳的规划蓝图，作为可持续发展的根本体现，从绿色清洁的交通系统，到对空气和噪声污染的治理，从对生活用地和商务用地的合理划分，到留给中心区居民绿色、自然、休闲的景观，每一处设计都体现了优美与舒适。具体反映在以下四方面：

1. 低碳的交通规划设计，中心区规划公交优先、轨道网加密、人车分层分流；在交通出行上规划公交加轨道出行比例保证在 70% 以上，小汽车控制在 20%，步行 10%，在整体上保证了中心区交通的有序顺畅和减少汽车尾气排放。

2. 职住平衡，中心区规划就业岗位 26 万个，居住人口 7.7 万人，约 30% 的职住平衡。

3. 节约用地，功能融合。中心区在 20 世纪 90 年代详规阶段一直确定南片区为 CBD，北片区为行政文化区，但后来根据实际需要及时调整了规划，北片形成了以深圳证券交易所为龙头的金融区，它与行政文化功能无缝衔接。

4. 中轴线通风廊道，中轴线公共空间的规划设计不仅是中心区乃至深圳市重要的景观轴线，其实也是很好的通风廊道，根本改变了中心区作为高密度开发片区的室外物流气候环境。

本章对福田中心区规划的概况、规划编制目标、规划实施内容及过程、规划实施效果等进行整体综合阐述，作为中心区规划实施评估的背景资料。

深圳福田中心区凭借其优越的地理位置和交通条件，在特区二次创业的热潮中赢得了开发建设的机遇。回顾福田中心区概念规划、详细规划、城市设计等各阶段规划编制目标，逐条对照中心区三十年来每年度规划的实施内容，较完整地呈现了中心区详规实施过程及实施内容，并阐述了详规实施后的建筑物建成情况、金融产业、社会经济、室外物理环境等现状情况，为后续章节对福田中心区的详规评估提供基础条件。

第四章　福田中心区规划成果评估

第一节　规划成果及评估目的

规划成果是将规划目标进行具体化、系统化，变为可实施的规划方案，即是分析论证、规范表达规划目标的过程，规划成果也是规划研究和决策信息的载体，是规划编制与详规实施的联系纽带，规划成果内容的完整性和承接性直接关系到规划行动能否促进规划目标的实现。我们一般通过对规划成果的评估来判断规划方案是否科学合理、规划方案本身能否指导规划实施、规划目标与落实措施是否一致等，规划成果评估对规划实施既有前瞻的预判，也有事后的回顾总结作用，有利于提高规划成果质量。

一、规划成果

（一）规划成果理论与实际的不一致性

理论上说，规划成果应根据规划目标选取科学合理的规划方案编制成可实施的行动计划和规划管理办法。实际上，规划成果常常达不到理论深度，仅仅是一个规划方案甚至设想而已。况且，现行规划成果往往由于未能完全尊重土地权属、未能预测政府若干年内财政投资的能力，或管理人员的更换等因素，常常导致规划跟不上变化而束之高阁，或者根据新的目标重新编制。

城市规划成果评估是规划管理过程中一个不可忽视的环节，是提高规划成果可实施性的主要手段，是修正和完善规划编制和规划管理的重要依据。近年，国家一些正式文件明确指出了各城市进行详规评估的必要性，如《中华人民共和国城乡规划法》第四十六条明确规定应对总体详规实施情况进行评估，在此基础上，住房和城乡建设部在《城市总体详规实施评估办法（试行）》中进一步规定了城市总体详规评估的必要内容和实施程序。这表明我国对城市详规评估工作将进入新的阶段。

本章首次针对深圳福田中心区详规成果进行评估，在深圳地方法律法规或技术规范层面也缺乏详规评估的依据。《深圳市城市规划条例》中确立了五层次规划体系（城市总体规划、次区域规划、分区规划、法定图则和详细蓝图）。其中，详细规划指法定图则和详细蓝图，特别是法定图则的编制、审批、公示、定期检讨和修订都必须经过一整套严格的立法程序，批准后成为执行的法定文件，并规定法定图则的"终审权"不是规划主管部门，而是市人大授权的"城市规划委员会"。规划主管部门负责组织法定图则的编制和执行。因此，本章对福田中心区详规成果的评估具有探索性和开创性意义。

（二）福田中心区规划成果

从1984年"福田中心区"概念的提出至2002年法定图则编制完成，深圳市中心区的规划编制与实施时间长达十八年，这表明深圳市对中心区的发展规划是非常慎重的。十八年间，中心区规划的范围从来没发生改变，而规划的内容始终是在不断深化和完善的，主要体现在以下三方面：

1. 重视交通对中心区发展的引导和支撑。未来中心区是各种交通方式最为密集的地区，特别是将有四条地铁线穿越中心区，这将使中心区具有最好的通达性。

2. 坚持了以人为本的理念。在中心区规划了完整的步行连廊系统，使行人在区内的活动更加便利；规划的公共广场，也在最大限度上考虑了人的活动需求。

3. 规划具有浓厚的人文色彩。中轴线的规划和重要公共建筑物的规划，都力求反映中国文化的内涵。第四绿色环保的先进理念。整个中心区的公共绿地面积占总面积比例超过13%，这在寸土寸金的中心区是相当难得的。第五规划高度重视土地的立体化开发。规划对地下空间的开发给予了高度关注，大幅度提高了中心区土地利用的效率，也使中心区各功能连接更加便利紧凑。总之，福田中心区规划是一个完整的、有远见的规划。

纵观深圳历次总体规划、分区规划及详细规划编制与实施，都将福田中心区定位为城市金融商贸和行政文化中心，中心区开发建设模式的改革探索与实践过程始终贯穿着政府管控规划与市场需求的矛盾，遵循着"适应——不适应——适应"的工作规律。为了适应市场经济转型需要，政府管理机制和管理模式应不断转变，以激发市场经济的活力。

因此，福田中心区规划成果也不可能完全按照理想模式整体实施或一气呵成，在现实因素驱动下，不得不采用"拼贴城市"方法让多数街坊或许多小地块，逐步修改规划设计逐步实施。同时，福田中心区详规实施过程表明：一个规划方案，只要完整实施，精心维护管理，并建立规划实施过程中不断补台，对规划方案"打补丁"修改的机制，满足使用者和市场发展与时俱进的实际要求，那么，任何一个合格的详规方案都能产生优良效果。

二、评估目的

规划成果评估的目的是让规划设计有效指导规划实施。当前，详规成果实施难的现象普遍存在，究其原因，许多详规成果存在以下问题：

＊ 详规编制内容不尊重土地权属（俗称"规划不落地"），导致规划的道路或绿地常常"画"在现状房子上，拆迁成本高，规划难实施。

＊ 未区分规划管控的刚性内容和弹性内容，规划研究文本与规划结论混为一谈，规划成果质量不高，难以保证规划实施；市场经济随时变化，规划的弹性内容是否预见到了未来诸多难以预测的变化？

＊ 缺乏财政投资估算，使规划审批之前无法衡量或预判，近五年或近十年政府财政对于该规划方案的实施是否具有经济支撑能力？

上述问题使规划成果批准后的实施过程存在着太多不确定因素，最终能够实施是幸运，不能实施是必然结果。因此，在规划颁布和实施之前，我们必须对规划方案的合理性进行预评估，以提前修正规划方案中的不合理因素，辅助规划方案的形成。国内出台了《城市规划编制办法》（建设部令第146号）、《广东省城市控制性详细规划编制指引（试行）》（粤建规字〔2005〕72号）、《深圳市城市规划标准与准则》等一系列指导控制性规划成果编制的技术标准，对规划成果的内容深度和成果要求进行了规范。一般质量高的规划成果表明规划师花费了较多精力进行现场调研和规划编制，能有效指导详规实施。

通过规划成果的评估，一方面有助于发现规划编制中的优势和不足，继而在详规实施中可以扬长避短，强化优点，弥补不足；另一方面，也有助于规划师们积累经验、修编规划、提高详规实施内容的百分比。

第二节 评估内容及指标

一、评估内容的确定

（一）规划成果的评估内容

规划成果的评估内容通常表现为内在有效性评估和外在有效性评估两方面。内在有效性评估指规划成果自身内容的完整性和承接性，如规划行动能否促进规划目标的实现。外在有效性评估有以下三层含义[1]：一是评估"垂直级"（即上下层级）相关规划的协调性；二是评估"平行级"规划之间的协调和配合程度；三是评估职能部门的各自职责能否在规划成果中体现并协调一致等。

例如，美国"对规划方案及表达的评估主要针对规划是否合理，规划对策与目标是否一致，规划的可操作性，是否能指导实施等问题展开。主要从对规划文本的合理完整性和实施性，与其他层次规划的衔接性、相关规划的协调性、各职能部门职责的明确性等方面进行评价"。[2]

（二）福田中心区规划成果的评估内容及样本选择

从规划成果的内容上看，规划成果包括设定规划目标、规划方案、实施步骤、实施途径、人员配置等的具体部署和说明。

福田中心区详规成果有四本（详见本书第三章），从 1992 年首次编制福田中心区详细规划，1998 年试点编制福田中心区法定图则第一版，2002 年修编中心区法定图则第二版，2011 年修编中心区法定图则第三版。前后二十年，福田中心区详规编制及修编共四次，平均每五年修编一次。这表

---

① 宋彦、陈燕萍：《城市规划评估指引》，中国建筑工业出版社，2012 年。
② 赵蔚、赵民、汪军、郑翰献：《空间研究 11：城市重点地区空间发展的详规实施评估》，东南大学出版社，2013 年。

明法定图则的刚性内容过多，造成了详规实施过程中往往要伴随着容积率调整、用地性质调整、地块的细分或合并等三类事项的变更而不断修编。因此，如果能够对规划成果及时、准确、客观地作出评估，那么就可最大限度地保障规划成果的科学合理性，使之有效指导详规实施，使规划目标最终通过规划较完整的实施而实现。总之，要评估福田中心区规划成果，必须选择某一个成果作为评估样本。鉴于福田中心区法定图则第二版的实施时间前后长达十几年，最具有评估价值，因而择此为评估样本。

二、评估指标的选取

规划成果评估指标的选取原则是依法依规原则、公开公正原则、可操作性原则。基于现实条件和评估数据的可得性，我们设定规划成果的评估内容主要围绕四方面展开：规划编制过程的合理性、目标设定的合理性、数据采用的准确性、规划成果内容的科学性。

（1）规划编制过程的合理性

详细规划的控制内容分为规定性和引导性两部分。规定性内容一般为刚性内容，主要规定"不许做什么""必须做什么""至少应该做什么"等，引导性内容一般为弹性内容，主要规定"可以做什么""最好做什么""怎么做更好"等，具有一定的适应性与灵活性。规划编制的内容涉及城市不同的利益群体，因此要想取得各方意见的一致性，首先是一个程序性的问题，即需要通过一个合理的规划或公共政策制定程序安排来实现。从技术角度看，规划编制过程的合理性，更多的是一个技术经济分析方面的问题。如果规划编制选用的技术标准不恰当，其结果可能非常不合理，就会造成城市发展过程中的交通拥堵、交通成本过高、中心区环境污染等问题。此外，规划编制应该是一个民主决策的过程，在这个过程中，不同利益主体可以通过自己的代表提出各种各样的要求来改变不符合其利益的规划内容，而这些内容可能技术上非常合理。所以，在规划编制与决策过程中引入更多的公共参与机制来协调各方利益，广泛听取各个方面代表或专家的意见，以更好地奠定规划有效实施的技术和政治基础。

（二）目标设定的合理性

城市规划目标设定的合理性就要求实事求是、科学合理，要兼顾政治、经济、社会、气候、环境、交通、技术等各方面因素，将目标细分，保证目标落地实施。只有规划目标的设定合理，才能有效地指导详规实施。规划目标设定的合理性主要体现在以下四个方面：

1. 规划成果是否目标清晰合理，主要是指能否有效指导详规实施并能有效避免规划失效。

2. 规划成果是否遵循可持续发展思路，任何一个规划成果都是依据所预测的特定社会经济政策环境来编制的，一份好的规划成果是对未来的实施环境有较强的预见性，其布局也具有较强的适应性。

3. 规划成果是否符合城市发展战略需求，根据《城乡规划编制办法》（建设部令 146 号）的要求，中心城区规划应该分析并确定城市性质、职能和发展目标。

4. 规划成果是否反映民众发展愿景，城市规划的实际客户是城市的居民及各行各业者。

（三）数据采用的准确性

编制规划方案所参考的相关信息资料要丰富、全面、翔实，因为规划成果所要阐述的内容绝不能空穴来风，不能闭门造车，一定的信息资料是规划编制的基本元素和基础素材，是丰富和确保规划方案有效性、客观性和科学性的源泉。信息数据越丰富翔实，规划成果的质量就越高。规划成果评估中体现数据准确性的具体标准主要包括规划成果的数据来源是否可靠、数据收集是否全面、数据是否符合实际、数据是否准确反映未来发展趋势等。规划方案编制必须采用真实可靠的最新数据，规划成果才能有效地指导规划实施。

（四）规划成果内容的科学性

规划方案内容的有效性是规划成果科学性的重要指标。所谓规划内容的科学性主要是指通过集思广益的程序，在既尊重历史文化，又尊重现状土地权属的基础上，以发展的眼光、开阔的视野，提升规划目标，落实具体措施，编制控规成果，使规划更具前瞻性、科学性和可操作性，从而更好地指导规划区域内城市建设和经济社会发展。控规向上衔接总规和分区规划，向下衔接修规、单体设计与开发建设行为。它以量化指标和控制要求的形式将总规或分区规划的宏观控制转化为对城市建设的中观或微观控制，并作为具体指导修规、土地出让、单体设计的具体规划控制条件。

评估以往的规划成果应立足于城市过去特定的历史背景，具有一定的历史局限性，评估现行的规划成果必须用历史的、发展的眼光看问题，对前瞻性问题要充分理性地预估，即采用弹性规划的理念对未来发展留有余地。

规划编制过程的组织、规划目标的清晰、实施措施的有效性与审批的公正性等是程序性评估的重要内容。通过定性与定量分析，纵向与横向比较的方法，从编制组织与审查、详规实施与管理机制、编制技术与方法三方面评估福田中心区的规划成果。

此外，如果从更高要求设置评估内容的话，规划成果内容的科学性评估还应增加三方面内容：一是规划成果是否符合规划目标；二是规划成果内容是否尊重现状土地权属；三是实施规划蓝图的财政投资能力，即在一定规划周期内政府是否有资金投资规划范围内的征地拆迁、市政道路设施、公共设施等内容，以此保证规划蓝图的实施。

三、评估指标

根据上述规划成果评估指标体系的选取原则，具体确定规划成果评估的指标体系如表4-1所示。

表4-1　规划成果评估指标

一级指标	二级指标	三级指标
规划成果评估	规划编制过程合理性	编制程序的合理性
		选用的技术标准是否恰当
		人员配备是否专业合理
		成果表达是否规范
		成果内容设置是否合理
		是否有质量保障措施
		是否有民众参与

一级指标	二级指标	三级指标
规划成果评估	规划目标设定合理性	目标是否清晰合理
		是否遵循可持续发展思路
		是否符合城市发展战略需求
		是否反映民众发展愿景
	规划成果数据准确性	数据来源是否可靠
		数据收集是否全面
		数据是否与现状吻合
		数据是否准确反映未来发展趋势
	规划成果内容科学性	垂直级规划之间是否有效衔接
		平行规划之间是否相互协调

第三节　评估方法探索

规划成果评估的目标不同、评估的主体不同，因而选择的评估方法也有所差异。本书对福田中心区规划成果的评估时点选择在详规实施了二十年后的 2014 年，其评估的目的并非在众多规划文本中优选方案，而是以已经投入实施的规划成果为评估样本，结合详规实施状况，反思当年详规编制时存在的问题或经验教训，其评估结论可以为今后详规编制提供借鉴参考。依据本书提出的评估目标，主要选择以下评估方法：

一、德尔菲法

德尔菲法又名专家意见法或专家函询调查法，是在 20 世纪 40 年代由 O. 赫尔姆和 N. 达尔克首创，经过 T. J. 戈尔登和兰德公司进一步发展而成的。该方法是由调查者拟定调查表，按照既定程序，以函件的方式分别向专家成员进行征询。经过几次反复征询和反馈，专家组成员的意见逐步趋于集中，最后获得具有很高准确率的集体判断结果。较之于其他方法，德尔菲法能充分发挥各位专家的作用，集思广益，准确性高。而且能把各位专家意见的分歧焦点表达出来，取各家之长，避各家之短。

　　本书建立了规划成果评估的相关指标体系，但是要想得出一个较为客观明确的结论，必须要考虑指标量化的方法。只有采用合适的方法对每一项指标进行量化，才能有合适的数据进行分析评估。因此，在考虑客观性、权威性和可操作性的前提下，本书决定采用德尔菲法对指标进行量化。本次福田中心区详规成果的评估中，由评估课题组依据评估目标制定评估指标体系和问卷调查表，并选定调查对象，包含高校城市规划专业教师、资深研究员、政府规划管理人员、政府规划师、社会机构专业人员等各领域的专家学者，向他们发送实名制调查表（如表4-2所示），并回收后进行统计分析。

表4-2　规划文本评估调查表

一级指标	二级指标	较差	一般	较好	很好	非常好
		1分	3分	5分	7分	9分
编制过程合理性	编制程序的合理性					
	选用的技术标准是否恰当					
	人员配备是否专业合理					
	成果表达是否规范					
	成果内容设置是否合理					
	是否有质量保障措施					
	是否有民众参与					
目标设定合理性	目标是否清晰合理					
	是否遵循可持续发展思路					
	是否符合城市发展战略需求					
	是否反映民众发展愿景					
数据采用准确性	数据来源是否可靠					
	数据收集是否全面					
	数据是否与现状吻合					
	数据是否准确反映未来发展趋势					
内容科学性	垂直级规划之间是否有效衔接					
	平行规划之间是否相互协调					

二、模糊综合评估分析法

模糊综合评估分析法模型简单，对多因素、多层次的复杂问题评判效果比较好，有着其他数学模型和方法难以比拟的优势。该方法以模糊数学为基础，应用模糊关系合成的原理，将一些边界不清，不易定量的因素定量化，对被评估事物隶属等级状况从多个因素进行综合评估的方法。模糊综合评估方法作为模糊数学的具体应用方法，最早由我国学者汪培庄提出。模糊综合评判的基本原理是：首先确定被评判对象的因素集和评估集；再分别确定各个因素的权重及它们的隶属度向量，获得模糊评判矩阵；最后把模糊评判矩阵与因素的权重向量进行模糊运算并进行归一化，得到模糊评估结果。

第四节　福田中心区规划成果的评估结果

一、德尔菲法的评估结果

本次进行福田中心区规划成果评估，以福田中心区法定图则（第二版）为评估样本，它是中心区规划成果中有效期最长和实施年限最长的详规成果。

如表4-2所示的指标体系，我们针对每一项指标设置了 V={较差，一般，较好，很好，非常好} 的评估集合，分别对应了1分，3分，5分，7分，9分；然后制作了相关的调查问卷并运用德尔菲法对20位专家意见进行了收集分析。

（一）"编制过程合理性"的调查分析结果显示：

1. 指标"人员配备是否专业合理"和"成果表达是否规范"均值分别为7.4和7.5分，是二级指标"编制过程合理性"项下的指标最高值，依据评估集结果显示为"很好"。表明专家认为中心区规划编制时这两个方面的指标表现很好。

2. 指标"是否有民众参与"均值为5.6分，是二级指标"编制过程合理性"项下的指标最低值，依据评估集结果显示为"较好"。

C. 指标"编制程序的合理性""选用的技术标准是否恰当""内容设置是否合理""是否有质量保障措施"均值分别为 7 分、7.1 分、7.1 分、7 分，对应评估集结果显示为"很好"。

（二）"目标设定合理性"的调查结果分析

对照第三章福田中心区规划成果的编制目标，可以对中心区规划成果作一个定性评估：

1. 福田中心区概念规划的编制目标是把福田中心区建成全市的金融贸易中心、文化信息中心、商业中心，即深圳 CBD。此目标至今已经实现。福田中心区已经成为深圳以金融为主导产业的 CBD。

2. 福田中心区详细规划的编制目标为扩展定位福田中心区为深圳行政、文化中心和商务中心（CBD），细化土地使用性质，深化公共空间规划，在 CBD 核心区建立人车交通竖向分层及二层步行系统。此目标除了二层步行系统尚未形成以外，其他内容均已实现。

3. 福田中心区城市设计的编制目标为：在不断优化调整中心区路网交通规划、提高路网密度、增加轨道交通线路和站点规划布局的基础上，城市设计营造优美的公共空间和建筑天际线。此目标除了中轴线公共空间尚未形成整体形象、建筑天际线效果不够明显以外，其他均已实现。

针对规划成果评估的专家调查结果显示，指标"是否符合城市发展战略需求"均值为 7.2 分，是二级指标"目标设定合理性"项下的最高值，对应评估集的结果显示为"很好"。指标"是否反映民众发展愿景"均值为 5.6 分，是二级指标"目标设定合理性"项下的最低值，对应评估集的结果显示为"比较好"。其余指标"目标是否清晰合理"、"是否遵循可持续发展思路"分别为 6.7 分、6.6 分，对应评估集的结果显示为"比较好"。

（三）"数据准确性"的调查结果分析

针对规划成果评估的专家调查结果显示，指标"数据来源是否可靠"、"数据收集是否全面"均值分别为 7.4 分、7.5 分，是二级指标"数据准确性"项下的最高值，对应评估集的结果显示为"很好"。指标"数据是否准确反映未来发展趋势"均值为 6.5 分，是二级指标"数据准确性"项下的最低值，对应评估集的结果显示为"比较好"。指标"数据是否与现状吻合"为 6.8 分，对应评估集的结果显示为"比较好"。

（四）"内容科学性"的调查结果分析

针对规划成果评估的专家调查结果显示，指标"垂直级规划之间是否有效衔接"均值为 7 分，是二级指标"内容科学性"项下的最高值，对应评估集的结果显示为"很好"。指标"平行规划之间是否相互协调"均值为 6.6 分，是二级指标"内容科学性"项下的最低值，对应评估集的结果显示为"比较好"。

福田中心区规划成果评估的具体结果如图 4-1 所示。

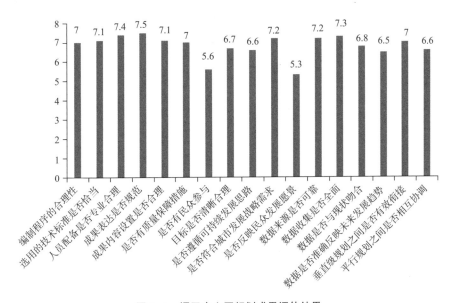

图 4-1　福田中心区规划成果评估结果

图 4-1 主要描述了三级指标评估的结果，对于二级指标评估状况，我们可以进一步借助简单平均的方法进行观测，如图 4-2 所示。对调查结果进行简单平均处理后，其中指标"编制过程合理性"为 6.96 分；指标"目标设定合理性"为 6.45 分，指标"数据采用准确性"为 6.95 分，指标"内容科学性"为 6.8 分。我们发现，专家们对中心区规划成果二级指标的评估均值均小于 7 分，对应"较好"的评估结果。

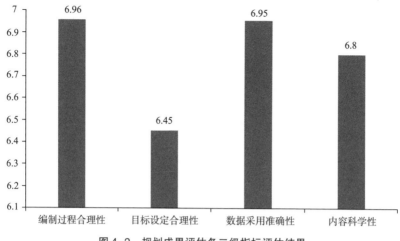

图4-2　规划成果评估各二级指标评估结果

二、模糊综合评估的结果

（一）建立因素集

从规划成果评估的角度来看，影响评估结果的四大因素分别是编制过程合理性、目标设定合理性、数据采用准确性、内容科学性。而每个大的方面，又包含下一级别的细小方面的指标因素。这些因素构成的集合称为因素集，它是一个普通集合。

$$U = \{u_1, u_2, u_3, \cdots, u_m\}$$

在本书中，构成福田中心区规划成果模糊评估的因素集分别是：U_{11}——编制过程合理性；U_{12}——目标设定合理性；U_{13}——数据准确性；U_{14}——内容科学性。如表4-2所示。

表4-2　福田中心区规划成果评估因素集

一级指标	二级指标	三级指标
U_1规划成果评估体系	U_{11}编制过程合理性	U_{111}编制程序的合理性
		U_{112}选用的技术标准是否恰当
		U_{113}人员配备是否专业合理
		U_{114}成果表达是否规范
		U_{115}成果内容设置是否合理

一级指标	二级指标	三级指标
U_1规划成果评估体系	U_{11}编制过程合理性	U_{116}是否有质量保障措施
		U_{117}是否有民众参与
	U_{12}目标设定合理性	U_{121}目标是否清晰合理
		U_{122}是否遵循可持续发展思路
		U_{123}是否符合城市发展战略需求
		U_{124}是否反映民众发展愿景
	U_{13}数据准确性	U_{131}数据来源是否可靠
		U_{132}数据收集是否全面
		U_{133}数据是否与现状吻合
		U_{134}数据是否准确反映未来发展趋势
	U_{14}内容科学性	U_{141}垂直级规划之间是否有效衔接
		U_{142}平行规划之间是否相互协调

（二）确定评估集

评估集是评估者对评估对象可能作出的各种总的评估结果组成的集合。用V表示：

$$V = \{v_1, v_2, v_3, \cdots, v_n\}$$

上式中，v_i代表第i个评估结果，n为总的评估结果数。依据规划成果评估的需求，建立评估集合：$V = \{$较差、一般、较好、很好、非常好$\}$。

如表4-3所示。

表4-3　规划成果评估指标评估集

评估结果	数字符号
较差	V_1
一般	V_2
较好	V_3
很好	V_4
非常好	V_5

（三）建立权重集

为了反映各因素的重要程度，对各个指标 U 应该分配一个相应的权数 a_i，$i=1$，2，$\cdots$，m，通常要求 a_i 满足 $a_i \geq 0$；$\sum a_i = 1$，于是由个权重 a_i 组成 U 上的一个模糊集合 A 称 A 为权重集。本研究根据专家调查结果来确定各级评估要素指标的权重系数子集，结果如表 4-4 所示。

表4-4　规划成果评估指标的权重系数

二级指标	权重	三级指标	权重
U_{11}编制过程合理性	0.286	U_{111}编制程序的合理性	0.144
		U_{112}选用的技术标准是否恰当	0.146
		U_{113}人员配备是否专业合理	0.152
		U_{114}成果表达是否规范	0.154
		U_{115}成果内容设置是否合理	0.146
		U_{116}是否有质量保障措施	0.144
		U_{117}是否有民众参与	0.115
U_{12}目标设定合理性	0.352	U_{121}目标是否清晰合理	0.260
		U_{122}是否遵循可持续发展思路	0.256
		U_{123}是否符合城市发展战略需求	0.279
		U_{124}是否反映民众发展愿景	0.205
U_{13}数据准确性	0.131	U_{131}数据来源是否可靠	0.259
		U_{132}数据收集是否全面	0.263
		U_{133}数据是否与现状吻合	0.245
		U_{134}数据是否准确反映未来发展趋势	0.234
U_{14}内容科学性	0.231	U_{141}垂直级规划之间是否有效衔接	0.500
		U_{142}平行规划之间是否相互协调	0.500

（四）确定评估矩阵

在专家打分的基础上进行计算，得出评估矩阵。如表 4-5 所示。

表 4-5　单因素评估分布情况

指标	专家评议结果分布情况				
	1分	3分	5分	7分	9分
U_{111} 编制程序的合理性	0	0	4	12	4
U_{112} 选用的技术标准是否恰当	0	1	3	10	6
U_{113} 人员配备是否专业合理	0	0	2	12	6
U_{114} 成果表达是否规范	0	0	2	11	7
U_{115} 成果内容设置是否合理	0	0	6	7	7
U_{116} 是否有质量保障措施	0	0	5	10	5
U_{117} 是否有民众参与	0	4	9	4	3
U_{121} 目标是否清晰合理	0	0	8	7	5
U_{122} 是否遵循可持续发展思路	0	0	8	8	4
U_{123} 是否符合城市发展战略需求	0	0	5	8	7
U_{124} 是否反映民众发展愿景	0	1	15	4	0
U_{131} 数据来源是否可靠	0	0	3	12	5
U_{132} 数据收集是否全面	0	0	2	13	5
U_{133} 数据是否与现状吻合	0	0	5	12	3
U_{134} 数据是否准确反映未来趋势	0	0	9	7	4
U_{141} 垂直级规划之间是否有效衔接	0	1	4	9	6
U_{142} 平行规划之间是否相互协调	0	0	8	8	4

根据上表分别计算出各要素的隶属度情况，以"U_{111} 编制程序的合理性"指标为例，根据专家评议的统计结果，对 U_{111} 的评估为（0，0，0.2，0.6，0.2），以此类推，各要素的评估矩阵如表 4-6 所示。

表 4-6　单要素评估矩阵

指标	V_1 较差	V_2 一般	V_3 较好	V_4 很好	V_5 非常好
U_{111} 编制程序的合理性	0	0	0.2	0.6	0.2
U_{112} 选用的技术标准是否恰当	0	0.05	0.15	0.5	0.3
U_{113} 人员配备是否专业合理	0	0	0.1	0.6	0.3
U_{114} 成果表达是否规范	0	0	0.1	0.55	0.35

指标	V_1 较差	V_2 一般	V_3 较好	V_4 很好	V_5 非常好
U_{115} 成果内容设置是否合理	0	0	0.3	0.35	0.35
U_{116} 是否有质量保障措施	0	0	0.25	0.5	0.25
U_{117} 是否有民众参与	0	0.2	0.45	0.2	0.15
U_{121} 目标是否清晰合理	0	0	0.4	0.35	0.25
U_{122} 是否遵循可持续发展思路	0	0	0.4	0.4	0.2
U_{123} 是否符合城市发展战略需求	0	0	0.25	0.4	0.35
U_{124} 是否反映民众发展愿景	0	0.05	0.75	0.2	0
U_{131} 数据来源是否可靠	0	0	0.15	0.6	0.25
U_{132} 数据收集是否全面	0	0	0.1	0.65	0.25
U_{133} 数据是否与现状吻合	0	0	0.25	0.6	0.15
U_{134} 数据是否准确反映未来发展趋势	0	0	0.45	0.35	0.2
U_{141} 垂直级规划之间是否有效衔接	0	0.05	0.2	0.45	0.3
U_{142} 平行规划之间是否相互协调	0	0	0.4	0.4	0.2

（五）运算结果

通过上文表4-4和表4-6数据，运用矩阵运算最后得出规划成果评估的模糊综合评估向量：

$$B = A \circ R = [b_1, b_2, b_3, b_4, b_5] = [0, 0.018, 0.312, 0.430, 0.240]$$

依据福田中心区规划成果评估的模糊综合评估向量，按照最大隶属原则：

$$M = \max(0, 0.018, 0.312, 0.430, 0.240) = 0.430$$

M 所对应的元素为综合评估结果，即"很好"。

基于上述研究过程，应用模糊综合评估得出的福田中心区规划成果评估的最终结果为"很好"。

本章采用德尔菲法和模糊综合评估方法，首次对福田中心区法定图则（第二版）的规划成果进行评估，评估结果如下：

　　1. 在评估内容上，本书确立了编制过程合理性、目标设定合理性、数据准确性、内容科学性四方面内容。并基于依法依规、公开公正和可操作性原则，建立了规划成果评估的指标体系。

　　2. 在评估方法上，为了能够明确得到量化评估结果，考虑到指标量化的问题，因此依据评估目标制定调查问卷表，同时选定各领域的专家学者作为调查对象，采用德尔菲法进行问卷调查，在统计分析的基础上，完成了对指标量化和权重设置的工作。在指标量化和权重设置基础上，本书进一步采用了模糊综合评估的方法，采用最大隶属度原则进行了评估。模糊综合评估分析法模型简单，对多因素、多层次的复杂问题评判效果比较好，有着其他数学模型和方法难以比较的优势。

　　3. 评估结果方面，依据专家评议结果进行算数平均后，得出了初步评估结果。指标编制过程合理性、目标设定合理性、数据采用准确性、内容科学性的评估均值均小于 7 分，对应"较好"的评估结果。应用模糊综合评估方法，应用最大隶属度原则进一步判别出中心区规划成果评估的结果为"很好"。

第五章　福田中心区规划实施过程评估

详规实施过程评估是指对详规实施进程中某一阶段的评估，具体对环境适应性、政策保障、资源保障、运作机制等四个方面进行定性评估，以及对政府投资、市场投资等规划内容的实施结果进行定量评估。本章是对福田中心区规划实施二十三年（1993—2016 年）的阶段性评估。

第一节　评估目的和意义

（一）评估目的

详规实施过程评估的主要目的是确保详规实施效果符合预定的规划目标，通过规划成果评估和实施过程评估，为详规实施后的综合效应评估积累信息资料，并为下一阶段详规实施工作提出改进意见。详规实施过程评估的结果能反映出详规在城市建设中是否有效贯彻执行。

详规实施过程评估是保障规划有效执行的必要措施，分阶段定期进行评估，有利于落实规划任务和管理措施，实现规划目标。有利于及时总结经验教训，并根据形势变化动态调整规划方案，增强规划对开发建设的调控作用。通过比照详规实施结果与原定目标的偏差，对规划方案和实施手段进行动态调整。鉴于详规实施效果的影响具有长期性、复杂性和不可逆转性等特点，应当定期、客观地进行详规实施过程的阶段性评估，才能避免偏差的长期放大效应，才能使城市规划少留遗憾。

（二）评估意义

城市详规实施过程评估的意义可归纳为三点：反馈和调整规划方案、保障详规实施、促进规划目标的实现。

1. 为调整和修编规划成果提供反馈意见

通过详规实施过程评估，可以及时地发现规划成果存在的缺陷，可以滚动式修改规划文本，提高规划成果的质量，发现现实与规划矛盾的方面，进而帮助确定未来规划的重点，指导下一轮规划编制。

2. 在规划实施过程中动态调整相关措施

针对实际发展形势和城市经济发展实力、投资环境的变化，对详规实施的管理体制、机构设置、地价政策等进行及时的调整。

3. 保障规划目标的实现

详规实施过程评估能够协助监督政府各职能部门按计划开展详规实施工作，也能检查出政府各部门之间详规实施行动的不一致性，及时解决分歧，扭转局面，提高规划的可实施程度，保障规划目标的实现。

第二节　评估内容及指标

一、评估内容

详规实施过程评估内容可分为定性评估和定量评估两大类。

（一）定性评估的内容

详规实施过程定性评估的内容包括详规实施的环境适应性评估、运作机制评估、政策保障评估和资源保障评估等四个方面。

1. 详规实施的环境适应性评估主要是针对社会经济宏观政策背景和城市发展条件的变化情况等来评估详规实施的能动性和适应性；

2. 详规实施的运作机制评估主要是针对规划承接体系、规划行政管理机制是否公正公开、行政协作机制是否通畅等方面进行评估；

3. 详规实施的政策保障评估主要是针对规划法规政策和配套政策是否完备有效的评估；

4. 详规实施的资源保障评估重点是针对土地、财政、人力和技术等方面资源提供是否充分来进行评估。

（二）定量评估的内容

定量评估内容分三个方面：一是详规评估时点的实施状况，比如用地面积、居住人口、就业人口、总建筑面积等。应用现状数据总体上对详规实施的状态进行评估。二是评估政府投资进程。政府投资的进程主要是关注科教文卫、道路交通、市政设施等公共产品的实施进展。三是评估市场投资进程。市场投资的进程主要是各类房地产开发投资项目的实施进展。详细内容见表5-3。定量评估主要是通过搜集数据，核实规划成果中明确的内容是否已经得到实施，并且用数据衡量实施的程度。

二、评估指标

通过什么指标来反映详规实施过程的定性评估和定量评估，是我们在进行详规实施过程评估实践时需要认真对待的问题。选择合理的可测量或者可监测的指标，是详规实施过程评估的关键。

（一）详规实施过程定性评估指标

详规实施过程的定性评估指标，主要是应对监测详规实施过程的时候无法去用具体的数字衡量实施进展，必须通过定性的分析描述来阐述详规实施进展的这种情况。本章第二节开篇内容已经明确了定性评估的内容，在此结合福田中心区详规实施过程评估的需求，来拟定详规实施过程评估的定性指标。具体如表5-1所示。

详规实施的环境适应性评估主要是针对社会经济宏观政策背景和城市发展条件的变化情况等来评估详规实施的能动性和适应性；详规实施的运作机制评估主要是针对规划承接体系、规划行政管理机制是否公正公开、行政协作机制是否通畅等方面进行评估；详规实施的政策保障评估主要是针对规划法规政策和配套政策是否完备有效的评估；详规实施的资源保障评估重点是针对土地、财政、人力和技术方面资源提供是否充分来进行评估。

表5-1 详规实施过程的定性评估指标

评估指标		评估结果
环境适应性评估	发展形势	
	经济实力	
	投资环境	

评估指标		评估结果
资源保障评估	土地储备	
	财政实力	
	人口资源	
政策保障评估	地价政策	
	产业政策	
	创新政策	
运作机制评估	机构配置	
	管理体制	
	与上层次规划衔接	
	政企合作模式	

（二）详规实施过程定量评估指标

详规实施过程定量评估主要针对规划目标实现度，即目标的实现程度，包括数量、质量、时限等内容进行评估。对详规实施过程的定量评估，基本逻辑是借助详规实施中政府投资内容和市场投资内容的现状数据，对比规划编制时设定的目标，通过比较分析展开评估。详细详规实施过程定量评估指标如表5-2所示。

表5-2 详规实施过程的定量评估指标

评估内容	指标	规划目标	实施进展
总体实施状况	用地面积		
	居住人口		
	就业人口		
	总建筑面积		
市场投资进程	商品住房开发建设		
	办公用房开发建设		
	商业用房开发建设		
政府投资进程	市政道路网建设		
	社会公共停车场（库）建设		
	公交枢纽站建设		

续表

评估内容	指标	规划目标	实施进展
政府投资进程	步行系统建设		
	轨道交通设施		
	公共空间建设		
	文教体卫设施建设		

第三节　评估方法

一、基于 GIS 技术的评估方法

国内城市量化评估工作落后于国外城市的关键不在于评估所采用的方法，而在于没有足够可获得的支撑数据。在大数据时代的迅速发展中，详规实施过程评估确有必要基于 GIS 的技术手段，建立信息扎实的基础研究平台和进行定量分析，如建立起人口数据库、地理影像数据库、现状用地数据库、规划用地数据库和建筑物普查数据库等，实现数据统一管理、滚动更新，量化分析，克服以定性分析为主的弱点。借助 GIS 手段，检查物质空间建设与原有规划的吻合程度，检讨原有规划中设定的目标是否能够实现，实现的程度如何及其原因。同时，通过引入三维 GIS 数学模型开展城市仿真模拟，实现规划可视化，为详规实施与决策提供数据支持。

二、公众参与的评估方法

在详规实施过程评估中，我国部分城市也陆续引入了公众参与和社会监督环节。如深圳轨道交通详规评估采用了如公众满意度调查、开辟专栏进行网络调查、群众来信整理、公众信箱、展板展示等多种形式征求公众意见，有效提高了公众参与规划决策和实施的力度、深度和广度。在详规实施过程评估中积极开展公众参与，通过公众满意度调查等手段征询各方利益代表者对规划实施的满意度，并将市民对城市发展的意见进行公示，作为下一轮规划修订的基础，使政府高度重视市民的意见。借鉴国内外已有经验，我们在详规评估过程中，要完善信息公开制度，确保详规实施过程的透明度，不断公布与详规实施有关的信息，为公众及第三方评估者提供准确、客观、真实的信息，确保评估部门与各种评估主体有充分的信息共享，进而提高详规实施评估的客观性和科学性。

第四节　福田中心区规划实施过程的评估结果

一、定性评估结果

"在实际运用中，衡量规划是否实现的最有效办法是衡量量化指标，但是，量化指标其实只是规划成果的一小部分；规划目标和实现方法之间会因为许多非量化的要素而显得没有什么关系。"[1] 尽管有时规划定性评估的指标会显得模糊或牵强一些，但定性评估是十分必要的。本章对福田中心区详规实施 23 年过程的阶段性评估，重点应回答两个问题："（a）政策如何被实施的？谁来负责管理实施？他们又是怎么管理的，决策是怎么做出的？（b）实施过程的效果怎样？所做的决策是否有助于加强实施的效果？"首先，可以把上述两个问题看成主观题，对于福田中心区的答案可能有多种多样，以下作为一种答案提供参考：

（一）规划实施过程的组织决策及管理实施

1996 年深圳市政府成立"深圳市中心区开发建设领导小组"，领导小组下设办公室（全称深圳市中心区开发建设办公室，简称中心办）。领导小组负责决策福田中心区开发建设的重要事项，中心办设在深圳市规划国土局内，具体执行领导小组决策，负责管理实施中心区规划。但该领导小组从发红头文件成立起到 2004 年的八年间未曾正式召开过会议，也未下发过会议纪要或决定等。实际工作中，有关福田中心区开发建设的所有重要事项一律按政府文件上报市政府决策。

中心区详规实施过程中的政策由中心办负责实施，中心办作为市规划国土局的一个技术业务管理部门，负责规划编制、地政管理、建筑报

---

① 赵蔚、赵民、汪军、郑翰献：《空间研究 11：城市重点地区空间发展的详规实施评估》，东南大学出版社，2013 年。

建审批、规划验收等业务工作。局领导通过办公会议的形式对中心办布置工作任务和实施监督管理。凡属规划国土局职责范围内的决策由局长办公会议做出，如果超出规划国土局管理权限的，则上报文件请市政府决策。

"现代城市规划的研究，无论从实证研究还是理论研究方面来说，或多或少都受到两个倾向的影响，一个是理性规划，一个是沟通规划。这两种规划倾向不仅解释了规划的本质以及实现的具体过程，也引入了规划过程中的各种不同内容，这其中就包括详规评估。"[1] 由于深圳 20 世纪 80 年代至 90 年代城市规划中尚未引入沟通规划的思想，也不具备沟通规划的社会基础条件，因此福田中心区规划基本应用了理性规划思想，其本质是在使用资源和实现目标这两者之间建立起最合理的关系。由市政府成立的中心办，中心办牵头邀请规划建筑精英人士编制规划，组织国内外专家咨询评审，逐步修改完善规划成果。所以，中心区是一个较成功的理性规划，但缺乏沟通规划的协商过程。规划"评估不仅要解决规划的有效性和合法性问题，还要解决对规划理解的系统性和沟通性问题，变成所有规划参与者都可以理解的一种互动形式"。[2] 福田中心区规划虽然具备系统性但缺乏沟通性，仍不失为深圳特区 20 世纪 90 年代城市规划实施的代表作，一直在探索中奋进。后来的规划实施过程中也与理性规划的形制一脉相承，至今未能建立一个市区政府联动的、有效协商的规划实施机制，未能建立听取市场需求制度化途径，导致政府在中心区近十年规划实施中的"缺位"现象，中轴线公共空间成了长期"未完成工程"就是典型代表。

（二）规划实施过程的效果

事实上，现行详规实施过程存在着"头重脚轻"的管理模式，规划管理部门十分重视规划编制的立项、招标确定规划编制机构、规划成果审批与结题等程序，却不重视规划实施管理，似乎一旦完成规划审批，无论管理部门还是编制机构都如释重负了，因为管理部门完成了年度工作任务，编制机构也完成了结题并取得了报酬，至于规划成果能否实施、如何实施

---

①②　赵蔚、赵民、汪军、郑翰献：《空间研究 11：城市重点地区空间发展的详规实施评估》，东南大学出版社，2013 年。

等问题较少有人关心。原因在于详规实施,既不与政府工作绩效挂钩,也不与企业经济效益挂钩。好像详规实施工作,在规划管理部门只能把技术指标等刚性内容落实在土地招拍挂及建设工程规划用地许可证中,其他弹性规划内容,特别是公共空间的规划实施缺乏法定程序和监督保证。由此形成国内"千城一面"的规划实施效果。因此,政府应"由注重决策的规划向注重实施的规划转变"①,才能保证城市长远的公共利益和环境质量。

福田中心区实施过程的效果总体较好,所做决策绝大多数有助于加强实施效果,唯有一次例外,即 2003 年 2 月 10 日市委市政府召开的福田中心区中心广场及南中轴建筑工程与景观环境工程概念设计方案汇报会议,因专家、领导意见出现分歧,会议决定暂停该工程概念设计方案,重新研究工程设计任务书。此次会议决策对中心区的影响长达十几年之久,该工程至今未完成,中轴线中心广场及南中轴公共空间二层步行系统尚未全部贯通。中心区已经规划了三十年的人车分流的交通规划至今未能实现。"必须全线贯通福田中心区中轴线二层步行系统"这项工作已成为中心区规划建设史上的"接力棒",相信后人会将规划实施得更佳。

(三)福田中心区详规实施过程定性评估

本书主要是从详规实施的环境适应性评估、资源保障评估、政策保障评估和运作机制评估四个方面确定评估内容并建立定性评估的指标,并依据指标进行分析和阐述。具体评估结果如表 5-3 所示。

表 5-3　福田中心区详规实施过程的定性评估

评估内容及指标		评估结果
环境适应性评估	发展形势	1996 年起特区二次创业,按总规再建新的市中心
	经济实力	经过前 15 年的规划建设,特区经济繁荣,有足够实力建设新的市中心——福田中心区
	投资环境	罗湖中心区建设已饱和,市场开发投资转向福田中心区

① 赵蔚、赵民、汪军、郑翰献:《空间研究 11:城市重点地区空间发展的详规实施评估》,东南大学出版社,2013 年。

续表

评估内容及指标		评估结果
资源保障评估	土地储备	1992 年特区城市化完成了中心区征地，储备了土地资源
	财政实力	较高的地价收入，充沛的财政收入，市政建设资金充裕
	人口资源	人口向特区聚集，但进特区户口"门槛"较高
政策保障评估	地价政策	早期招商引资，优惠地价政策
	产业政策	20 世纪 90 年代发展高新技术，21 世纪发展创新产业，特区需要建设 CBD
	创新政策	2005 年以后金融创新飞速，金融产业转型升级较快
运作机制评估	机构配置	市政府成立深圳市中心区开发建设领导小组，下设办公室
	管理体制	福田中心区实行规划、地政管理、建筑报建、规划验收等
	与上层次规划衔接	与上层次规划（特区总规）有效衔接
	政企合作模式	政企合作，实施规划（政府投资市政公共设施，企业投资经营性用地）

二、定量评估结果

（一）福田中心区详规实施概况

从建设用地总规模分析，福田中心区规划建设用地总规模为 4.13 平方公里，据调查统计结果，中心区已出让土地占总量的 99%，目前中心区所有建设用地基本处于建成状态，少数建设用地处于在建阶段。

从建筑总量分析，福田中心区规划建筑总面积为 1116 万平方米，其中商务办公 521 万平方米，行政文化公建 138 万平方米，商业和旅游 190 万平方米，居住及配套 231 万平方米，市政配套设施 36 万平方米。

至 2014 年底，福田中心区已竣工建筑 309 栋，竣工建筑面积 909 万平方米①，在建建筑 12 栋，建筑面积 183 万平方米。因此，中心区已建成的建筑面积占规划建筑总量达 98%，详规实施程度较高。

---

① 资料来源：深圳市规划和国土资源委员会信息中心，2016 年 4 月统计数据。

表 5-4　福田中心区规划目标与现状建设指标对照

对比项	法定图则	现状	规划目标和现状的差值
建设用地规模（平方公里）	4.13	4.05	0.08
建筑总量（万平方米）	1116	1093	23
平均容积率	2.7	2.7	0

福田中心区规划就业岗位 26 万个，居住人口 7.7 万人。2014 年统计数据显示，中心区现有就业人口 17.5 万人，实有居住人口 20719 人[①]，虽然现有就业人口与规划的差距较大，但仍有在建建筑面积 183 万平方米，其中大多数为商务办公，因此未来几年就业岗位还有增加的空间。遗憾的是，现有居住人口与规划的差距很大，未来增长空间十分有限。

（二）市政道路交通设施及配套工程实施情况

据官方统计资料[②]显示，福田中心区在 2011 年已形成较为完善的现状道路网，包括：快速路 0.9 千米，主干道 16.8 千米，次干道 11 千米，支路 10.7 千米，其中主干道和次干道的路网密度满足深圳市城市规划标准与准则的要求，但是快速路、支路密度严重不足。至 2014 年，中心区已经建成和规划的轨道线穿过中心区并设立站点的共有七条线（6 条地铁、城际线，一条高铁线），现已建成通车的有地铁 1、2、3、4、11 号线，京广深港高铁线福田站也已开通运行。至此，福田中心区已经形成了比较完善的交通设施。

福田中心区已建成变电站 5 座，通信机楼 2 座，微波站 1 座，邮政支局 1 座，邮政所 2 座，垃圾转运站 2 座。经过了近 30 年的开发建设，中心区市政配套设施较为完善，对保障中心区的正常运转起到了很好的支撑作用。

（三）公共建筑项目及配套设施实施情况

截至 2014 年底，福田中心区已经建成并投入运营的公共建筑和文化设

---

① 需要说明的是，中心区的就业人口目前主要是统计范围内的就业人口，对中心区一些短期的、流动性大的就业人员或者小型企业、商铺等的就业人员并未纳入统计。中心区实有人口是指基于社区网格化管理的在中心区居住的所有人口。

② 《深圳市福田 01-01&02 号片区【福田中心区】法定图则》现状调研报告（送审稿）深圳市规划和国土资源委员会，深圳市规划国土发展研究中心，2011 年 9 月。

施主要有：关山月美术馆、图书馆、音乐厅、少年宫、市民中心、博物馆、电视中心、会展中心、深圳书城等（详见表5-5）。此外，还有深圳当代艺术馆和城市规划展览馆（简称"两馆"）2016年8月已经完成土建和安装工程，正进行内部装修阶段，这是中心区大型公建中唯一一个未启用项目。

表5-5　福田中心区公共建筑建成时间表

公共建筑名称	建成时间
市民中心	2004 年 5 月
少年宫	2004 年 6 月
会展中心	2004 年 10 月
书城中心城	2006 年 5 月
图书馆	2006 年 7 月
音乐厅	2007 年 2 月
深圳当代艺术馆和城市规划展览馆（两馆）	2016 年 12 月

福田中心区已经建成的文化、教育、体育、卫生的配套设施有：教育设施11所（其中幼儿园7所，小学2所、中学2所）；综合医院1所；商业设施70多处，以及运动场、居委会、警务室、社区服务站多处，各项配套设施比较完善。

（四）中轴线公共空间景观工程实施情况

中轴线是福田中心区重要的公共景观空间，占地面积54公顷，南北长2公里，连续的二层平台，跨越中心区8个街坊地块，有九座连接天桥。至2016年中轴线已建成使用5个地块和4个天桥，其余仍在建设中。未来中轴线全部建成后，二层步行平台将建成10万平方米屋顶花园，将实现公交枢纽站、地铁站、大型商业、地下停车库、屋顶花园广场等复合公共空间的二层步行连接，真正实现人车分流的城市规划蓝图。

上述仅选取了福田中心区具备代表性的详规实施内容进行定量评估。中心区规划实施过程所有内容及指标的详细定量评估结果如表5-6所示。

表 5-6　福田中心区详规实施过程中所有指标的定量评估表

投资性质	评估内容		1992 年详细蓝图规划	1995 年城市设计（南片区）	2000 年法定图则（一）	2002 年法定图则（二）	2013 年法定图则（三）	2014 年现状	评估
整体状况	用地面积（公顷）	—	413	413（南区 233）	413	626	618	626	建设用地 413 公顷，莲花山公园 212 公顷
	居住人口（万人）	—	11	—	7.7	7.7	7~8	2.1	
	就业人口（万人）	—	—	—	26	26	25	17.5	
	总建筑面积（万平方米）	—	1218	923（南区 708）	750	750	1100	1093	已完成 99% 的建筑总量
市场投资内容	房地产开发	商业（万平方米）	未统计	（南区 184）	未统计	未统计	未统计	175	
		办公（万平方米）	未统计	（南区 330）	未统计	未统计	未统计	652	
		住宅（万平方米）	未统计	（南区 104）	未统计	未统计	未统计	198	

续表

投资性质	评估内容		1992年详细蓝图规划	1995年城市设计（南片区）	2000年法定图则（一）	2002年法定图则（二）	2013年法定图则（三）	2014年现状	评估
政府投资内容	道路设施	市政道路网	方格网状道路系统，人机分流的交通结构	方格路网，与干道交叉口均设立交桥。规划道路分四个等级	方格网状道路系统，规划道路分四个等级	方格网状道路系统，规划道路分四个等级	方格网状道路系统，规划道路分四个等级	形成方格网状道路系统，规划市政道路网全部通车，8条支路。其中9条主干道，18条支路，快速路0.9千米，次干道15.8千米，主干道11千米，支路10.7千米，道路次干道11千米，道路里程38.39千米，路网密度9.73千米/平方公里	主干道、次干道的路网密度满足深圳市城市规划标准与准则，但支路密度严重不足
		社会公共停车场（库）	未统计	地面、地下和停车库三种形式设置	7处	5处	11处	已建成9处	
		公交枢纽站	未统计	1处或以上	4处	7处	9处（公交场站）	有3处公交场站，其中1处为长途客运站，为皇岗临时长途汽车站；2处公交场站，分别是民田路总站和购物公园地铁公交接驳站。	

投资性质	评估内容		1992年详细蓝图规划	1995年城市设计市(南片区)	2000年法定图则(一)	2002年法定图则(二)	2013年法定图则(三)	2014年现状	评估
政府投资内容	轨道交通		无	地铁一期沿深南大道1号线,远期1、4号线,近期4号使用中央广场站,远期该站换乘及增加CBD核心区站	1号线在福华路上设益田、金田、岗厦三个站,4号线在中心二路上设金田、文化中心三个站,金田站为1、4号线换乘站	1号线经由福华路,4号线经由中心五路,鹏程四路经金田站片。金田站为1、4号线换乘站	已通车1、2、3、4号线。近期规划11、14、16号线经过并设换乘站	已通车五条轨道线,其中四条地铁线:1、2、3、4号线,另有广深港高铁1条。分别设站:购物公园、会展中心、岗厦、岗厦北、市民中心、莲花村、连花西、莲花北、少年宫、福田站(交通枢纽站)	
	步行系统	步行系统	地面、局部二层	地面、局部二层	地面、地下和二层步行系统	地面、地下和二层步行系统	由绿地、广场、道路、二层空中连廊、人行天桥、地下人行通道组成	中轴线:北中轴已建成使用,市民广场至南中轴中连未成或未连通。CBD局部二层连通	
		人行地下通道	局部有	局部有	—	—	4处	4处,福华路地下商业街	
		人行天桥	局部有	局部有	—	—	8处	8处	

续表

投资性质	评估内容		1992年详细蓝图规划	1995年城市设计（南片区）	2000年法定图则（一）	2002年法定图则（二）	2013年法定图则（三）	2014年现状	评估
政府投资内容	教育设施	幼儿园	14所	未统计	9所	10所	9所	已建成7所	
		小学	8所	未统计	3所	3所	3所	已建成2所	
		中学	5所	未统计	2所（现状1，增加1）	2所	2所（9年一贯制初中1）	已建成2所	
	文化设施	图书馆、博物馆、美术馆、少年宫、音乐厅、社区图书馆	未统计	未统计	—	—	—	已建成图书馆、博物馆、美术馆、少年宫、音乐厅、社区图书馆各1处，总占地9.82公顷	全部建成
	医疗卫生	综合医院	2	未统计	1所（现状1）	1所（现状1）	1所（现状1）	已建成1所医院，儿童医院	
		社康中心、卫生站	16	未统计	9个	9个	7个	已建成1个	

投资性质	评估内容		1992年详细蓝图规划	1995年城市设计（南片区）	2000年法定图则（一）	2002年法定图则（二）	2013年法定图则（三）	2014年现状	评估
政府投资内容	文娱体育	文化活动站、室	17	未统计	6个	6个	7个（居住小区级文化室）		
		老年人活动站	8	未统计	4个	5个	—		
		体育活动场地	22	未统计	10个	8个	7个（社区体育活动场地）	已建成5处	
	社会福利设施	社区老年之家	8	未统计	—	—	4个	未建	
	邮电	邮电支局、电话局	8	未统计	2个	2个	2个	已建成邮政支局1座	
		邮电所	4	未统计	4个	5个	4个	已建成邮政所2座	
	环境卫生	公共厕所	28	未统计	10个	25个	8个	大型公厕已建成5处	
		垃圾集散点（转运站）	11	未统计	9个	9个	3个	已建成2处	

续表

投资性质	评估内容		1992年详细蓝图规划	1995年城市设计（南片区）	2000年法定图则（一）	2002年法定图则（二）	2013年法定图则（三）	2014年现状	评估
政府投资内容	电力	变电站	8	未统计	7个	7个	8个	已建成变电站5座	
	电信	电话机楼	4	未统计	2座	2座	1座	已建成通信机楼2座	
		微波中转站		未统计	1个	1个	1个	已建成微波站1座	
	中轴线公共空间	规划中天区布局形成鲜明的中轴线	中轴线公共空间，位于中心区的中央，自深南大道以南设有80米绿化带的步行空间，两层为低层高档商业。深南大道北段为宽100米的绿化步行空间		中轴线公共空间，具有商业、地铁、公交枢纽、立体、多层次		已经建成使用4个地块和3座天桥，其余正在建设中	基本建成	
	消防站	应急避难场所	3	未统计	—	—	1个	已建成1个	基本建成

1. 规划实施过程评估是指对某一阶段的规划实施的环境适应性、政策保障、资源保障、运作机制等四个方面进行定性评估，以及对规划实施中政府投资内容和市场投资内容等进行定量评估的行为。开展详规实施过程评估，对完善规划方案编制、保障详规实施和促进城市发展目标的实现等方面具有重要作用。

2. 在规划实施过程评估的方法探索上，本书认为在大数据时代的迅速发展中，规划实施过程评估有必要基于 GIS 的技术手段，建立信息扎实的基础研究平台和进行定量分析。同时，公众参与的评估方法也应高度重视，才能有效提高规划实施的力度、深度和广度。

3. 规划实施过程评估的内容和指标，从实践操作的角度对福田中心区规划实施过程评估分为定性评估和定量评估两个层面。在定性评估方面，本章从规划实施的环境适应性评估、运作机制评估、政策保障评估和资源保障评估等四个方面确立了研究内容并进行针对性指标的评估。在定量评估方面，本章从福田中心区详规实施的总体进展、详规实施中政府投资内容、市场投资内容等建立了指标进行定量评估。

第六章　福田中心区规划实施后经济效应评估

规划实施后的经济效应，不仅涵盖经济效益指标的具体内容，而且包括规划实施后对全社会造成的直接或间接的经济方面的影响。事实上，相对于经济效益而言，运用"经济效应评估"更能体现出规划实施活动所产生的经济影响的广泛性和综合性。

第一节　经济效应评估的内容

一、评估内容的选取角度

针对福田中心区规划实施后经济效应的评估，如何选取评估内容？本书主要从直接效应和间接效应两方面考虑。

直接效应　指随着中心区规划的实施，对中心区自身经济发展产生的影响，不涉及其他对象。对直接效应的评估，我们可以从中心区的投入与产出情况进行判断。投入情况主要是体现福田区综合投入水平的各类投资指标如固定资产投资、外商投资等。这里的产出是广义的概念，不仅仅包含经济总量这一内容。比如体现福田总体产出水平的经济总量、经济增速和人均经济总量等指标；体现福田区产业发展水平的产业结构、企业数量及结构等；体现中心区资产价值的各类房地产价格及总价值。

间接效应　指中心区规划实施对除中心区之外的其他对象经济发展产生的影响，比如福田中心区的发展产生的溢出效应对环 CBD 地区经济发展产生的影响。

基于此，对福田中心区详规实施后经济效应的评估，主要从以下五方面内容展开。

二、经济效应评估的内容

(一）地区生产总值（GDP）

地区生产总值是指本地区所有常驻单位在一定时期内（一个季度或一年）生产活动的最终成果，它是一个地区经济情况的度量，它是一个地区的经济中所生产出的全部最终产品和劳务的价值，常被公认为衡量地区经济状况的最佳指标。

围绕 GDP，还有以下一系列衍生指标可用来衡量一个地区经济发展状况：

1. 地区经济增长水平，主要以 GDP 增速衡量。经济增长主要是指在一个既定的时间跨度上，人均商品或劳务产出水平（或人均收入）的持续增加。经济增长率的高低体现了一个地区在一定时期内经济总量的增长速度。

2. 除了测算总量增长率之外，还可以计算人均占有量，如按人口平均的人均 GDP。

3. 经济产出强度，即地均 GDP，主要用以衡量单位用地面积上地区经济产出水平。

衡量福田中心区详规实施后对中心区经济增长的影响，主要是指从中心区规划编制到付诸实施再到基本建成的这一段时间跨度上，中心区经济产出的变动。中心区经济的增长，可以从 GDP 总量、人均量、增长率、单位面积 GDP 等方面来衡量。其中，中心区 GDP 总量是衡量该片区经济发展的总规模，体现了中心区经济发展的总体水平；总量增长率则反映了中心区在不同年份经济增长的变动状况；人均 GDP 是衡量个体的产出效率或者生产率水平，是宏观经济指标之一，它是了解和把握中心区宏观经济运行状况的有效工具；单位面积 GDP 是衡量该地区经济产出强度水平。

(二）产业发展

任何一个地区的经济社会发展必须建立在一定水平的产业支撑之上。一个地区产业的发展程度可以从产业结构、企业结构细分两方面进行研究。

1. 产业结构

产业结构是国民经济各产业部门之间以及各产业部门内部的构成情况。城市社会生产的产业结构或部门结构是在一般分工和特殊分工的基础上产生和发展起来的。研究产业结构，主要是研究生产资料和生活资料两大部类之间的关系；从部门来看，主要是研究农业、轻工业、重工业、建筑业、商业服务业等部门之间的关系，以及各产业部门的内部关系。产业结构在一定程度上代表着经济发展的质量，也代表着社会发展的水平。例如，从福田中心区发展实际来看，正是由于中心区规划对片区发展的科学定位，对土地空间的弹性规划，对城市资源的合理配置，才基本形成了现今以金融服务、现代商贸、现代物流、高端旅游、国际会展等为特色的高端服务业产业集群。

2. 中心区企业结构细分

结合福田中心区规划定位，重点研究中心区的企业细分情况。包括企业总数、企业结构等。还可以进一步细分企业发展指标来深度考察中心区企业发展质量，比如总部企业、500 强企业等。

（三）投资水平

城市规划的实施过程是一个广泛的资本参与城市开发建设的过程，这里的资本既包含政府资本，也包含各类社会资本。一个地区的投资规模和投资结构可以充分体现该地区城市建设的力度和发展方向，而通过对于投资水平和产出水平的联合考察还可显示其投资效率。例如，对福田中心区详规实施过程中的投资水平的考察可从以下三部分进行：

1. 中心区不同年份的固定资产投资整体水平

一般情况下，反映一个地区固定资产投资水平的指标是固定资产投资额。该指标是以货币表现的建造和购置固定资产活动的工作量，它是反映固定资产投资规模、速度、比例关系和使用方向的综合性指标。

2. 中心区房地产投资水平

房地产投资是指资本所有者将其资本投入到房地产开发行业，用于建造住宅、商业、办公等物业形式，以期在将来获取预期收益的一种经济活动。中心区房地产开发投资水平主要是指中心区年度房地产开发投资的总量。

3. 中心区外商直接投资水平

外商直接投资指外国企业和经济组织或个人（包括华侨、港澳台胞以及我国在境外注册的企业）按我国有关政策、法规，用现汇、实物、技术等在我国境内开办外商独资企业、与我国境内的企业或经济组织共同举办中外合资经营企业、合作经营企业或合作开发资源的投资（包括外商投资收益的再投资），以及经政府有关部门批准的项目投资总额内企业从境外借入的资金。深圳市作为改革开放的试验区，也是中国最早经济开放、引进外资的城市之一。福田中心区自"中心区"概念孕育起，就一直尝试引进外资以促进经济发展，20世纪80、90年代重点引进了港资参与城市开发建设。一个城市利用外资的水平还可体现一个国家或地区的开放程度和对资本的吸引程度，也能够在一定程度上体现该地区的综合区域优势。中心区外商直接投资水平主要以中心区年度的外商投资总量来衡量。

（四）资产价值

资产价值主要是中心区各类资产（如土地、房地产等）在某一时点的市场价值。本书中，资产价值类指标反映的最核心的内容就是中心区各类资产特别是各类房地产如办公、商业、住宅的资产价值。除了地上建筑物这一类资产价值之外，还有中心区土地的作为一种生产要素，也发挥了极为重要的资产功能，因而对中心区资产价值的反映还应包含土地的资产价值。本书将从福田中心区不同类型的房地产价格、中心区房地产总价值、中心区土地价格等方面来分析中心区的资产价值状况。

（五）溢出效应

所谓溢出效应（Spillover Effect），是指一个组织在进行某项活动时，不仅会产生活动所预期的效果，而且会对组织之外的人或社会产生的影响。溢出效应分为知识溢出效应、技术溢出效应和经济溢出效应等，本书主要是指经济溢出效应。中心区发展的溢出效应主要是指福田中心区的规划建设和经济社会的发展不仅对中心区自身产生正面影响，而且还对中心区周边地区的发展产生显著的积极影响。

对于福田中心区与"环CBD地带"经济发展过程中二者的交互关系，可以运用经济学家冈纳·缪尔达尔（Gurmar Myrdal）提出的著名的"回波效应"和"扩散效应"来进行解释。"回波效应"是指经济活动正在扩张的地点和地区将会从其他地区吸引净人口流入、资本流入和贸易活动，从而加快自身发展，并使其周边地区发展速度降低。扩散效应是指所有位于经济扩张中心的周围地区，都会随着与扩张中心地区的基础设施的改善等情况，从中心地区获得资本、人才等，进而刺激促进本地区的发展，逐步赶上中心地区。对于福田中心区与"环 CBD 地带"而言，中心区明确的发展定位和完善的城市基础设施，吸引了人才、资金、技术等经济资源，并进一步形成了高端产业的聚集，形成规模经济，从而对周边地区的经济发展起到显著的带动作用。

（六）福田中心区详规实施后经济效应评估指标体系

归纳上述五项评估内容，可以列出反映福田中心区详规实施后经济效应评估的指标体系，详见表 6-1。

表 6-1　福田中心区详规实施后经济效应评估指标体系

一级指标	二级指标	三级指标
经济效应	生产总值	中心区 GDP 总量
		人均 GDP 水平
		产出强度
	投资水平	固定资产投资
		房地产开发投资
		利用外资
	产业发展	产业结构
		入驻企业数量、结构
		亿元楼
		总部企业数量
		金融企业数量
	资产价值	不同类型房地产价格
		不同类型房地产租金
		中心区房地产总价值
	溢出效应	"环 CBD 地带"经济发展状况

第二节　经济效应评估的方法

在对城市规划实施后经济效应评估时，涉及对不同内容、不同指标进行统计和计算，而不同的指标需要通过不同的技术方法获得，因此，对经济效应评估方法的选取及应用相当重要。以下重点探讨本书经济效应评估的方法。

一、GDP 核算法

现有的国民经济核算（GDP 核算）中，核算的对象一般是以行政区为单位进行统计，却很少按照城市功能区划来统计核算。由于福田中心区不是一个行政区划范围，它只是一个城市规划的功能片区，所以，中心区不是一个行政统计核算单位，统计数据无处可觅。这就意味着我们无法通过现有的官方统计年鉴或有关渠道取得福田中心区不同年代的经济总量及相关指标。这是本次评估工作中最突出的难题。为了解决这个难题，我们必须借助国民经济核算的方法，即 GDP 核算法对福田中心区不同年代 GDP 值进行统计核算。

采用 GDP 核算法，无论是从现有行政区的统计年鉴中剥离福田中心区的经济数据，还是以福田中心区为目标对象展开独立核算，至少为获得中心区 GDP 数据提供了思路及有效方法。

一般来讲，GDP 核算的方法主要有两种[①]：

收入法

收入法就是直接利用原始资料计算增加值的各个构成部分，然后加总得出增加值，其计算公式如下：

现价增加值=劳动者报酬+生产税净额+固定资产折旧+营业盈余

生产法

生产法就是利用原始资料直接计算出总产出和中间消耗，然后求出二者之差得出增加值，计算公式如下：

---

① 高鸿业：《西方经济学　宏观部分（第六版）》，中国人民大学出版社，2014 年。

$$现价增加值=现价总产出（或总产值）-现价中间消耗$$

但是，在具体计算一个地区 GDP 时，主要依据行业特点来采用各行业增加值的核算方法。通过 GDP 值的核算，可以获得与 GDP 相关的统计数据，比如人均 GDP 数据，GDP 增长率，产业结构数据等。

二、房地产整体估价法[①]

城市各类房地产价值及房地产总价值是衡量城市规划建设产出的重要指标，也是城市发展建设的价值体现，它还反映城市的发达程度。由于城市之间不同房屋的基本属性、用途和区位的差别，所以房地产总价值不能通过面积乘以单价的简单方法获得，而应通过原始的调查和个案评估的方法对城市房地产价值进行估算，这无疑是一项庞大工程。因此，探索科学、简单易行的计算方法，对福田中心区各类房地产价值及总价值进行精确而高效的评估显得尤为重要。

在现有的房地产评估方法中，房地产整体估价法不失为一种最优选择。房地产整体估价法基于传统的批量评估技术，经由深圳市房地产评估发展中心技术团队优化改进的一种应用于城市房地产整体价值评估的方法。研究人员根据房地产估价基本原理以及经济学的市场供求原理、预期原理和替代原理，建立了房地产整体估价模型及其理论体系。该模型把整个城市房地产市场看作一个整体，通过各房地产之间的价格关联关系及影响程度实施整体估价，并综合运用数理统计和地理信息系统（GIS）技术，达到高精度、低成本、高效率整体评估全市房地产市场公允价值的目的。

目前，房地产整体估价法在理论和技术方法上已逐步完善，并已形成了较系统的研究成果和丰富的研究文献，给房地产整体估价法提供了有力的理论支撑。同时，在实践应用上，房地产整体估价法已连续数年在深圳市得到了检验和应用，通过实践不断优化，使评估技术日臻成熟，评估精度不断提升。因此，采用房地产整体估价法有助于对福田中心区房地产价值进行精确测算。

---

① 耿继进等：《城市房地产整体估价——以深圳市为例》，中国金融出版社，2012 年。

三、比较分析法

对于经济效应的评估，也可采用比较分析方法。比较分析方法主要存在于横向比较和纵向比较两个层面：

（一）横向比较

比如福田中心区与周边区域（环中心区地带）、福田区甚至是深圳市的比较，可以得出中心区相对于其他区域的发展状况，所具备的优势或劣势等。

（二）纵向比较

福田中心区从详规文本编制到付诸实施，再到当前实施后的基本现状，中间经历了一个较长的时间周期。如果中心区以1992年第一次详细规划为起点，从详规编制到规划实施，迄今经历了近25年时间，在这么长一段时间内，中心区在不同时间节点上的规划建设成就是什么，有什么变化，这都需要我们运用时间序列的数据，结合选用的经济效应指标，运用纵向比较的方法进行评估。

无论是横向比较还是纵向比较，都是我们在进行中心区经济效应评估时必须结合采用的技术方法，只有这样，我们才能更加立体全面地展示中心区详规实施的基本成就。

四、基于GIS的空间分析方法

在经济效应的评估中，为了更形象直观地展示评估结果，在不同的评估内容中大量应用了GIS的空间分析方法。例如，在评估福田中心区产业发展时，重点对中心区各类企业的整体空间分布、楼栋分布等进行分析；对亿元楼分布、金融企业空间分布、总部企业分布图等结合建筑物进行分析；用中心区各类房地产的价格、租金等数据绘制空间分布曲面图和平面图，并且进一步开展了基于建筑物的房地产价格空间分布图；对中心区不同用途的土地价格绘制了空间分布曲面图；对中心区商务办公地价与企业空间分布的关系展开了空间叠加分析。总体来看，基于GIS的空间分析方法，丰富了评估手段，更加直观地表达了福田中心区经济效应的评估结果。

第三节　福田中心区经济效应评估结果

一、中心区生产总值

（一）中心区 GDP 总量

近年来，随着福田中心区规划定位目标的逐步实现，中心区经济总量稳步提升。具体详见表6-2、图6-1所示。

表6-2　福田中心区和福田区经济总量　　　　（单位：亿元）

年份	2000年	2008年	2009年	2010年	2011年	2012年	2013年	2014年
中心区经济总量	7	301	323	370	419	491	568	627
福田区经济总量	480	1498.24	1623.17	1832.63	2098.63	2374.24	2700.29	2958.85
中心区占福田区比重	1.46%	20.09%	19.90%	20.13%	19.97%	20.47%	21.03%	21.19%

注：福田中心区数据来源于福田区统计局；福田区数据来源于《福田区统计年鉴》。

2000年，福田中心区经济总量约为7亿元，仅占福田区 GDP 的1.46%，经历了近10年的发展，2008年福田中心区经济总量约为301亿元，约占整个福田区经济总量的20.09%。

从2008年至2014年这六年间，福田中心区经济总量快速增长，2014年经济总量约为627亿元，经济总量翻了一番，占福田区的比重也保持在稳定的21.19%左右，说明这期间中心区与福田区 GDP 同步增长。

从经济增速上看，如果我们以2009—2014年前后共六年的数据进行计算，如图6-2所示。

从图6-2可以看出，除了2009年福田中心区经济增速低于福田区和深圳市经济增速外，在2009—2014年这五年间，福田中心区经济增速远高于福田区和深圳市的年均增速。从均值上看，最近六年间福田中心区年均经济增速为13.06%，远高于福田区9.57%和全市10.37%的平均水平。

（二）中心区产出强度

地均 GDP 水平在一定程度上反映了福田中心区的产出强度，也是不同

图 6-1　福田中心区经济总量

注：福田中心区数据来源于福田区统计局；福田区数据来源于《福田区统计年鉴》。

图 6-2　福田中心区经济年度增速

注：福田中心区数据在福田区统计局提供数据基础上计算得出；福田区和深圳市数据来源于《深圳市统计年鉴》。

空间规模的区域可以进行横向比较的重要指标。如表 6-3 所示。

表 6-3　福田中心区产出强度　　　（单位：亿元/平方公里）

年份	2000	2008	2009	2010	2011	2012	2013	2014	近 5 年 年均增速
中心区产出强度	1.69	72.88	78.21	89.35	101.45	117.68	137.53	151.82	13.06%
福田区产出强度	6.39	19.33	20.64	23.59	26.69	30.17	34.33	38.53	12.21%
中心区对比福田区	1/3.77	3.77/1	3.79/1	3.79/1	3.8/1	3.9/1	4.01/1	3.94/1	—

注：①福田中心区土地面积按照 4.13 平方公里纳入计算。②福田中心区产出强度在福田区统计局提供数据上进一步计算得出；福田区产出强度在《福田区统计年鉴》基础上计算得出。

从表6-3中可以看出，2000年，福田中心区产出强度为1.69亿元/平方公里，远低于同时期福田区6.39亿元/平方公里的产出强度水平。由此可见，在这一时间阶段，福田中心区经济发展的集约化程度并不高。随着福田中心区整体经济的快速发展，福田中心区的产出强度也逐步提升，并开始显现出一个中央商务区的威力。从2008—2014年这七年的数据来看，福田中心区的产出强度从72.88亿元/平方公里一路上升到151.82亿元/平方公里，翻了一番多。而同时期福田区的产出强度从19.33亿元/平方公里增长到38.53亿元/平方公里，尽管也呈现了翻倍增长的态势，但是产出强度的绝对水平远远低于中心区。从中心区产出强度的年均增速上看，2008—2014年间，中心区产出强度年均增速约为13.05%，高于同时期福田区产出强度12.21%的年均增长水平。对比福田中心区和福田区的产出强度水平发现，2000年中心区对比福田区的产出强度比值是1：3.77，也就是说福田区产出强度是中心区的3.77倍。然而，在2014年中心区对比福田区的产出强度比值则是3.94：1，中心区产出强度是福田区的3.94倍。

对于福田中心区现有的产出强度水平的评估，不仅要有绝对数值，还要有相对数值。因此我们要借鉴其他城市的中心区对应年份的产出强度水平进行比较研究。如图6-3所示。

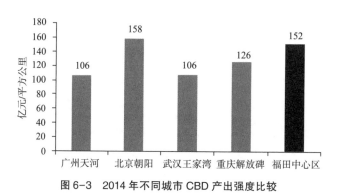

图6-3 2014年不同城市CBD产出强度比较

注：广州、北京、武汉、重庆数据来源于：魏后凯、李国红：《商务中心区蓝皮书——中国商务中心发展报告（2014）》，社科文献出版社，2015年。

从图6-3可以看出，在已获取的同类城市CBD的产出强度水平比较中，福田中心区的产出强度水平与北京朝阳 CBD 不相上下，显著高于其他城市的产出强度水平。

（三）中心区人均 GDP 水平

对福田中心区人均 GDP 水平的计算，虽然无法准确获得中心区统计概念上常住人口的数据，但采用现有技术，我们可以把中心区实有人口的数据换算成常住人口纳入计算。需要说明的是，中心区实有人口数据的基础是深圳市社区网格化管理统计的人口数据，是某一时点上（或一段时期）居住在深圳市中心区内部的人口数据总和。关于实有人口与常住人口的大致比例关系，我们以 2014 年底的数据为例进行分析。2014 年底深圳市实有人口与常住人口的比例关系为 1.73∶1，福田区为 1.14∶1，福田区实有人口和常住人口非常接近。因此，依据福田区实有人口与常住人口的比例关系，我们可以进一步得出福田中心区常住人口的大致数据。依第七章第三节中"中心区人口总量"的数据，中心区实有人口约 20719 人，由此可进一步得到中心区常住人口的数据约为 18174 人。基于此，我们得出福田中心区的人均 GDP 产值。

表 6-4　2014 年福田中心区与全市人均 GDP 水平的比较

2014 年人均 GDP 水平	
中心区	345.0 万元/人
福田区	21.8 万元/人
深圳市	14.84 万元/人

注：福田中心区数据在福田区统计局提供数据基础上计算得出；福田区和深圳市数据来源于《深圳市统计年鉴》。

2014 年度，福田中心区人均产出强度为 345 万元/人，同期福田区为 21.8 万元/人，深圳市为 14.84 万元/人。福田中心区人均 GDP 为福田区的 15.8 倍，是深圳市的 23.2 倍。

上述评估结果显示，近年来，福田中心区经济发展良好，经济总量保持快速稳定的增长势头。从产出强度可以看出，福田中心区不仅远远超越福田区和深圳市的平均水平，而且与国内大型城市 CBD 的产出强度相比较也位于前列。人均 GDP 指标进一步显示，福田中心区拥有远高于深圳市和福田区的经济发展水平。之所以福田中心区经济发展程度如此之高，主要得益于其商务中心区（CBD）的规划定位，使其聚集了大量的优质资源，导致福田中心区在经济发展过程中产生了"极化效应"①。

二、中心区产业结构

（一）产业结构

在规划伊始，福田中心区就将产业发展方向定位于总部经济、金融业、商贸服务、会展旅游、专业服务等领域。深圳 CBD 经过 30 多年的发展，从无到有，三次产业结构不断优化。具体来看，三次产业结构比例（二产：三产）从 2008 年的 0.8：99.2 进一步优化至 2014 年的 0.2：99.8。如表 6-5 所示。

表 6-5　福田中心区产业结构演变

年份	2000	2008	2009	2010	2011	2012	2013	2014
产业结构（二产：三产）	50.8：48.9	0.8：99.2	0.7：99.3	0.7：99.3	0.5：99.5	0.3：99.7	0.2：99.8	0.2：99.8

注：数据来源于福田区统计局。

表 6-5 的数据显示。2000 年中心区第二产业和第三产业的比重相当，第二产业略占优势。之后经历了十几年快速建设后，现中心区几乎全部为第三产业，充分体现中心区以当今时代最先进、最发达的金融、保险、信托、证券、中介、会计等第三产业为主导的特征。

（二）中心区入驻企业单位数量

1. 入驻企业的年度总量，从统计数据看，福田中心区入住企业单位数

---

① 纲纳·缪达尔认为极化效应是指一个地区只要它的经济发展达到一定水平，超过了起飞阶段，就会具有一种自我发展的能力，可以不断地积累有利因素，为自己进一步发展创造有利条件。在市场机制的自发作用下，发达地区越富，则落后地区越穷，造成了两极分化。也就是，迅速增长的推动性产业吸引和拉动其他经济活动，不断趋向增长极的过程。在这一过程中，首先出现经济活动和经济要素的极化，然后形成地理上的极化，从而获得各种集聚经济，即规模经济。规模经济反过来又进一步增强增长极的极化效应，从而加速其增长速度和扩大其吸引范围。

量2000年不到100家，2008年底约有3423家，占全区单位总量的10.6%，2014年底共有入住单位约9630家（比2008年增长了2.8倍）占全区单位总量的14.7%，所占比重提升4.1个百分点。总之，近十几年中心区企业数量每年以超过10%的速度增加，如表6-6所示。

表6-6　福田中心区入驻企业单位数量

年份	2000	2008	2009	2010	2011	2012	2013	2014
单位数量	90	3423	4271	5350	6622	7496	8761	9630

资料来源：福田区统计局。

2. 建筑物内的入驻企业数量，我们依据统计的中心区企业数量，再利用大数据挖掘技术从网络上获取的企业POI数据后，具体描绘中心区的企业分布图，如图6-4所示。

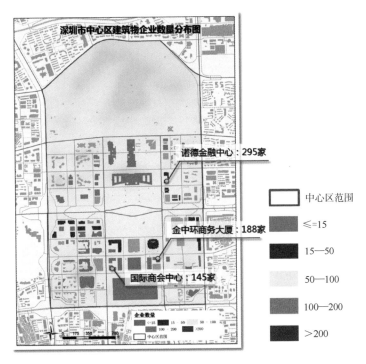

图6-4　福田中心区企业分布图（2015年7月）

根据2015年7月百度POI数据测算结果显示，福田中心区商务办公楼宇中，企业数量名列前茅的建筑物为诺德金融中心（295 家）、金中环商务大厦（188 家）和国际商会中心（145 家）等。另外需说明，中心区入驻企业数量较少的楼宇大致分为两种：公共建筑或企业自用为主的建筑物。中心区商务办公楼宇的空置率相对较低。

（三）中心区入驻企业的结构

近年来，福田中心区各类规模企业的发展特征总体表现为"总量扩张、结构优化"的基本特征。入驻企业的结构可以从不同行业入驻企业数量和入驻企业的规模结构来进行分析。

1. 分行业入驻企业数量。2014 年，福田中心区入驻企业数量排名前三位的行业是：租赁和商务服务业 3400 家、批发和零售业 2900 家、金融业 644 家。如表 6-7 所示。

表 6-7　福田中心区入驻企业数量排名前三位的行业

年份		2000	2008	2009	2010	2011	2012	2013	2014
企业数量排名前三位的行业	第一	其他服务业 65 家	批发和零售业 1119 家	租赁和商务服务业 1518 家	租赁和商务服务业 2372 家	租赁和商务服务业 2165 家	租赁和商务服务业 2664 家	租赁和商务服务业 3113 家	租赁和商务服务业 3400 家
	第二	制造业 13 家	租赁和商务服务业 933 家	批发和零售业 1247 家	批发和零售业 1949 家	批发和零售业 1805 家	批发和零售业 2189 家	批发和零售业 2558 家	批发和零售业 2900 家
	第三	房地产业 12 家	金融业 280 家	金融业 366 家	金融业 571 家	金融业 542 家	金融业 580 家	金融业 610 家	金融业 644 家

资料来源：福田区统计局。

2. 企业的资产规模结构，2008—2014 年间，福田中心区的企业资产规模在 5000 万元以下的企业绝对数量不断增加，但相对比重缩小。因为每年度中等资产规模企业（5000 万元到 1 亿元）和大资产规模企业（大于等于 1 亿）的绝对数量也逐年上升。如图 6-5 所示。未来随着中心区金融等高端服务企业的不断进驻，中等资产规模和大资产规模企业的数量还将逐年增加。

（四）中心区亿元楼

"亿元楼"指单栋建筑物的年纳税额超过 1 亿元的楼宇。楼宇经济是

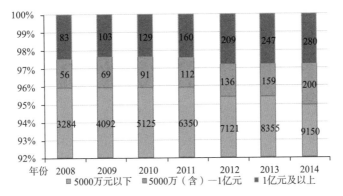

图6-5　福田中心区企业资产规模结构变化图

注：①数据来源于福田区统计局；②柱状图上的数字表示企业数量。

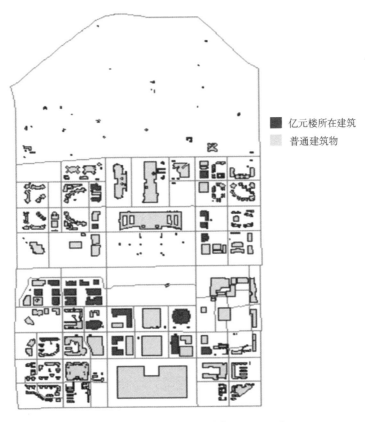

图6-6　福田中心区亿元楼分布图（2011年）

近年来中国城市经济发展中涌现的一种新型经济形态。它是以商务楼、功能性板块和区域性设施为主要载体，以开发、出租楼宇引进各种企业，从而引进税源，带动区域经济发展为目的，以体现集约型、高密度为特点的一种经济形态。作为承载企业办公和营业的基本载体，亿元楼是楼宇经济的重要体现。

据 2011 年福田区统计局数据显示，福田区共有亿元楼 63 栋，其中坐落在中心区的亿元楼有 26 栋，具体位置分布见图 6-6 所示。例如，中海大厦、江苏大厦、星河发展中心等都为亿元楼，星河发展中心年纳税 37.2 多亿元居首位；最低的是华融大厦和联通大厦，年纳税额超过 1.1 亿元。福田中心区亿元楼占福田区亿元楼的比重约为 41%，不仅体现了中心区经济的基本活力，还体现了福田中心区楼宇经济的较高水平。

具体来讲，中心区亿元楼以及对应的纳税额如表 6-8 所示。

表 6-8　福田中心区亿元楼列表（2011 年）　　　（单位：亿元）

楼名	星河发展中心	江苏大厦	中海大厦	大中华国际交易广场	兴业银行大厦	国际商会中心	免税商务大厦
纳税额	37.3	12.3	9.7	9.2	8.2	7.4	6.8
楼名	时代金融中心	安联大厦	特美思大厦	港中旅大厦	新世界商务中心	荣超商务中心	嘉里建设广场（含香格里拉酒店）
纳税额	6.8	6.6	6.4	5.7	5.7	5.7	4.6
楼名	信息枢纽大厦	时代财富大厦	诺德金融中心	地铁大厦	投资大厦	卓越大厦	新华保险大厦
纳税额	4.2	3.8	3.8	3.5	3.3	2.8	2.5
楼名	中心商务大厦	卓越时代广场	荣超经贸中心	联通大厦	华融大厦	—	—
纳税额	2.4	2.2	1.4	1.1	1.1	—	—

资料来源：福田区统计局。

（五）中心区金融企业数量

金融业的数量和发展状况是 CBD 发达程度的标志。2014 年福田区统计局数据显示，福田中心区内有 644 家金融机构，占中心区企业总数的约 8%，在企业比例上，金融企业在中心区所占的比重还有较大的上升空间。另外，从这 644 家金融企业的规模结果来看，大多是各商业银行的分支机构，虽已迁入深圳证券交易所、建设银行和平安集团等金融机构，但对深圳 CBD 来说，其数量和规模还远没有达到一个城市金融中心应有的水平。

图 6-7　福田中心区金融企业分布图（2014 年）

注：图中绿色斑点表示金融企业驻地。

（六）中心区总部企业数量

总部企业是指完成注册并依法开展经营活动，对其控股企业或分支机构行使管理和服务职能的企业法人机构。这种企业一般有下属分公司或子公司，总部就是总公司或集团，总部一般不负责生产，只负责金融和销售。2014 年福田区统计局数据显示，福田中心区企业中获得深圳市改革与发展委员会与福田区政府两级认定的总部企业共有 128 家，包括平安集团等。2008 年中心区的总部企业增加值为 120 亿元，至 2014 年中心区总部企业增加值为 275 亿元，增长 129.17%，总部企业具体分布如图 6-8 所示。

从世界 500 强企业数量来看，福田区共有三家世界 500 强企业，分别是中国平安保险（集团）股份有限公司、招商银行股份有限公司和正威国际集团有限公司，仅平安保险（集团）股份有限公司位于中心区内。

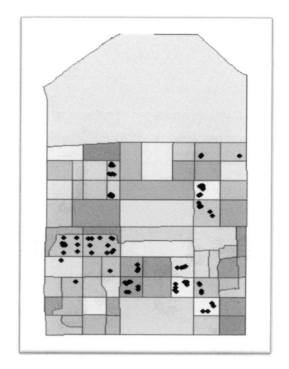

图 6-8　福田中心区总部企业分布图（2014 年）

注：图中深红色斑点表示总部企业驻地。

三、中心区投资水平

（一）固定资产投资

固定资产投资是建造和购置固定资产的经济活动，是社会固定资产再生产的主要手段。固定资产再生产过程包括固定资产更新（局部和全部更新）、改建、扩建、新建等活动。固定资产投资额是以货币表现的建造和购置固定资产活动的工作量，它是反映固定资产投资规模、速度、比例关系和使用方向的综合性指标。

1. 固定资产投资规模，2000年至2014年福田中心区固定资产投资规模具体如表6-9所示。2000年中心区固定资产投资水平约6亿元，其中房地产投资占4亿元，其他约2亿元政府用于建设公共设施和基础设施。而最近5年间，中心区固定资产投资非常稳定，每年保持在60亿元左右。

表6-9　福田中心区固定资产投资　　　　　　　　单位：亿元

年份	2000	2008	2009	2010	2011	2012	2013	2014
总额	6	65	65	63	62	61	60	60
分行业	房地产业约4亿元，其次是政府投资等约2亿元	房地产业约30亿元，交通运输仓储邮政业和工业约10亿元	房地产业约30亿元，交通运输仓储邮政业和工业约8亿元	房地产业约33亿元，交通运输仓储邮政业和工业约8亿元	房地产业约35亿元，金融业和交通运输仓储邮政业约10亿元	房地产业约38亿元，金融业和交通运输仓储邮政业约12亿元	房地产业约40亿元，金融业和交通运输仓储邮政业约15亿元	房地产业约42亿元，金融业和交通运输仓储邮政业约16亿元
房地产	4	30	30	33	37	40	42	42

资料来源：福田区统计局。

以2014年为例，在固定资产投资构成中，中心区房地产开发约42亿元，占固定资产投资规模70%左右。金融、交通运输、仓储邮政固定资产投资16亿元左右，占比25%。具体见图6-9所示。

从规模上看，中心区固定资产投资总水平呈现出稳定趋减的趋势，这其中的主要原因在于，中心区经历了近20年的高速开发建设，现在已趋于稳定，至2014年中心区已完成规划建筑面积的90%，且公共设施和基础设施配套完善，未来增量投资规模非常有限。

2. 固定资产投资强度，如果以一个区域的固定资产投资作为衡量投资总水平的重要因素的话，那么从投资强度来看，中心区固定资产投资强度近年来保持15.08亿元/平方公里的平均水平、远远高于福田区2.08亿元/

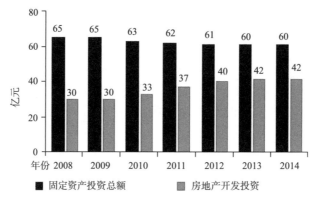

图6-9　福田中心区固定资产投资和房地产开发投资

平方公里的平均水平。如表6-10所示。

表6-10　福田中心区固定资产投资强度　　单位：亿元/平方公里

年份	2008	2009	2010	2011	2012	2013	2014	平均水平
中心区投资强度	15.74	15.74	15.25	15.01	14.77	14.53	14.53	15.74
福田区投资强度	2.04	2.14	2.22	2.21	1.93	2.04	2.01	2.08

　　高强度的固定资产投资也形成了巨大的固定资产资本存量，比如房地产、基础设施和公共设施存量等等，这是中心区各项设施趋于完善的基本保证，其存量资产的价值也将在后续研究中展现出来。

　　（二）外商直接投资

　　1. 外商直接投资（FDI）规模反映一个地区对海外资本的吸引程度，也反映了一个地区的开放程度。福田中心区2000年FDI规模约为0.004亿美元，2014年外商直接投资规模约为3.62亿美元，十多年间增加了900多倍。占福田区的比重保持在23%的基本水平，这与中心区占福田区的经济总量水平基本相当。具体如图6-10所示。

　　2. 外商直接投资年均增速，福田中心区外商直接投资年均增速约12.3%的水平，远远超过深圳市7%的年均增速，也超过福田区9.54%的年均增速。

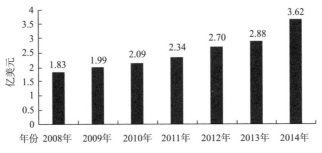

图6-10　福田中心区外商直接投资情况

资料来源：福田区统计局。

3. 外商直接投资应用领域，福田中心区实际使用外资主要应用于房地产、科学技术研究和商务服务业。

四、中心区房地产总价值

房地产总价值指某个时点上房地产存量资本，它包含了往期资产总量的连续累积过程。作为城市商务中心区（CBD），福田中心区的房地产开发虽然不是规划建设目标的全部，但也是详规实施的重要组成部分，是中心区规划定位和各项功能得以实现的部分空间载体。中心区作为投资强度和建设密度最高的片区之一，评估中心区某个时点房地产总价值是衡量中心区资产价值的需要，历年地产总价值也是体现中心区连续周期上开发建设成果的重要手段。因此，要评估中心区房地产总价值，首先应分析不同类型房地产价格、租金，不同用地性质的土地价格及分布变化趋势。

（一）不同类型房地产价格

1. 商务办公用房价格

总体上看，随着中心区开发建设的逐步推进，各类基础设施和公共设施的逐步完善，在土地出让价格攀升、大量高端办公楼不断上市的背景下，中心区办公楼售价在过去几年迅速上升，售价由2003年的1.08万元/平方米上升至2014年的7.12万元/平方米，年均增幅为18.97%，如图6-11所示。

从办公房地产价格的空间曲面分布来看，我们以2014年底作为观测点，来绘制中心区商务办公房地产价格空间分布曲面图，如图6-12所示，

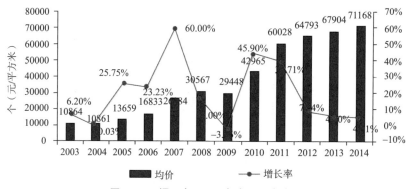

图 6-11　福田中心区历年办公用房价格

图中红颜色越深的地点表示办公房地产价格越高，绿色表示办公房地产价格越低。

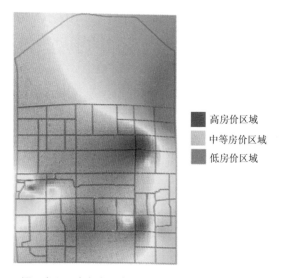

■ 高房价区域
▨ 中等房价区域
■ 低房价区域

图 6-12　福田中心区商务办公房地产价格空间分布曲面图（2014 年）

　　通过运用房地产整体估价模型，进一步测算出中心区每一套商务办公房地产的价格，并绘制出中心区商务房地产办公价格的空间分布图。

　　我们进一步结合福田中心区的建筑物分布数据，绘制出基于建筑物的商务办公房地产价格楼栋分布图。如图 6-13 所示。

2. 商品住房价格

从总体上看，福田中心区住房开发以高档楼盘为主，主要面向在片区

图 6-13 福田中心区商务办公房地产价格楼栋分布图（2014 年）

注：方框内数字表示该栋楼办的公均价（单位：元/平方米）。

图 6-14 福田中心区商务办公房地产价格对应建筑形态图（2014 年）

内工作和进行商务活动的高收入群体。随着中心区公共交通、各类配套设施逐步完善，住房价格在过去几年中增长迅速，价格由 2003 年的 0.8 万元/平方米上升至 2014 年的 5.3 万元/平方米，年均增幅为 24.27%。如图 6-15 所示。

我们除了研究不同年份中心区房地产价格变化趋势外，还以 2014 年年

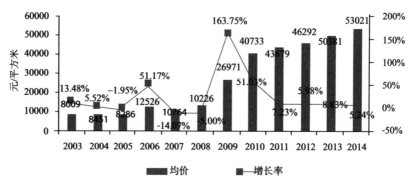

图 6-15　福田中心区历年商品住房价格

底为时点，进一步绘制出该时点中心区商品住房价格的整体空间分布图，可更直观地看出中心区不同位置上住房价格的高低变化。如图 6-16 所示。图中红颜色越深、曲面越突出的红色位置表示住房价格越高的地方。

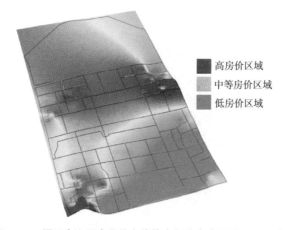

图 6-16　福田中心区商品住宅价格空间分布曲面图（2014 年）

我们运用房地产整体估价模型，测算出福田中心区每一套商品住房的价格，并绘制出中心区商品住房价格的空间分布图。

此外，我们结合中心区商品住房价格与建筑物分布情况，绘制出住房价格对应建筑形态图，如图 6-18 所示，图中标注颜色的为商品住房，颜色越深代表该楼盘商品住房的均价越高，如右上角"雅颂居"楼盘，属于中心区所有商品住房中价格最高级别的楼盘。

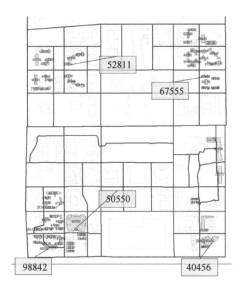

图6-17　福田中心区商品住房价格分布图（2014年）

注：黄颜色方框内数字表示该楼盘均价（单位：元/平方米）。

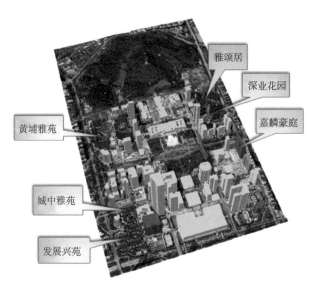

图6-18　福田中心区商品住房价格对应建筑形态图

（二）不同类型房地产租金

1. 商务办公类房地产租金

总体上看，福田中心区作为深圳CBD日益成熟，区位优势明显，开发项目品质定位较高，中心区商务办公房地产租金代表了深圳市商务办公房地产租金的最高水平，租金由 2003 年的 82 元/月/平方米上升至 2014 年的 176 元/月/平方米，年均增幅为 10.87%，如图 6-19 所示。

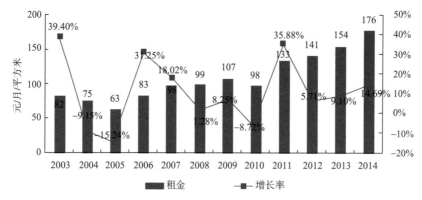

图 6-19　福田中心区历年商务办公房地产租金（2014 年）

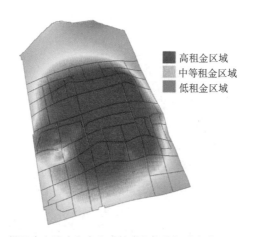

图 6-20　福田中心区商务办公房地产租金空间分布曲面图（2014 年）

　　福田中心区甲级写字楼较多，租金整体水平较高，基本上代表了深圳市商务办公房地产租金的最高水平。在租金分布曲面图 6-20 上可以直观显示福田中心区商务办公房地产租金的高点和低点。图 6-21 进一步展示了中心区商务办公房地产租金在中心区的基本分布位置。

　　我们还结合中心区的建筑物分布数据，来更加细致地分析中心区商务办公房地产租金对应建筑物的空间形态及位置分布图。如图 6-22 所示。

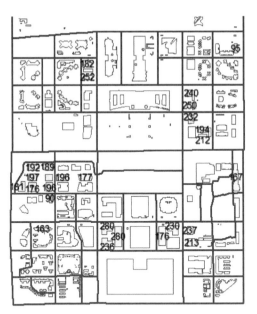

图 6-21　福田中心区商务办公房地产租金分布图（2014 年）

注：图中数字代表该栋楼商业用房租金均价（单位：元/平方米·月）。

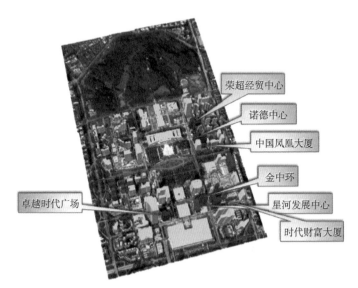

图 6-22　福田中心区商务办公房地产租金对应建筑形态图

2. 商业用房租金

总体上看，中心区的社区规模、人口数量及消费档次优势明显，随着周边环境的改善和社区人口的快速增长，不仅商铺售价迅速上涨，租金也节节攀升，租金由 2002 年的 110 元/月/平方米上升至 2013 年的 358 元/月/平方米，年均增幅 15.93%。如图 6-22 所示。

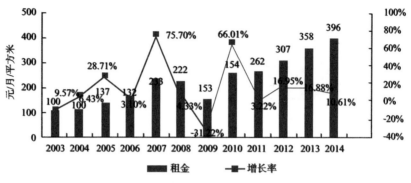

图 6-23　福田中心区历年商业营业用房租金

从空间分布上看，我们以 2014 年底为时点绘制中心区商业用房租金的整体空间分布图，可以更加直观地看出中心区不同空间位置上商业用房租金的高低状况，如图 6-24 所示。

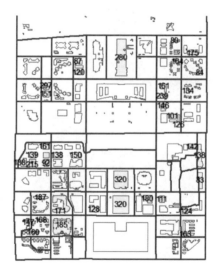

图 6-24　福田中心区商业用房租金分布图（2014 年）

注：图中数字表示该栋楼商业用房租金均价（单位：元/平方米·月）。

图 6-25 为福田中心区商业用房租金空间分布曲面图，通过颜色的渐变处理后能更直观地显示中心区商业用房租金的高点和低点，颜色越深的位置表示租金越高。

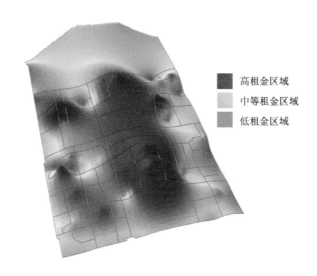

■ 高租金区域
□ 中等租金区域
▨ 低租金区域

图 6-25　福田中心区商业用房租金空间分布曲面图（2014 年）

图 6-26，我们结合中心区的建筑物分布情况，更细致分析中心区商业用房租金对应建筑物的空间形态及位置分布图。

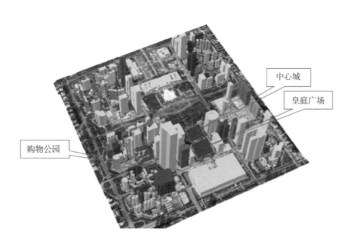

图 6-26　福田中心区商业用房租金对应建筑形态图

3. 商品住房租金

总体上看，中心区商品住房出租主要面向在片区内工作和进行商务活动的高收入群体，随着中心区公共文化设施及道路交通设施等各类配套完善，中心区住房租金水平也处于较高水平，租金由 2003 年的 44 元/月/平方米上升至 2014 年的 93 元/月/平方米，年均增幅 7.02%。如图 6-27所示。

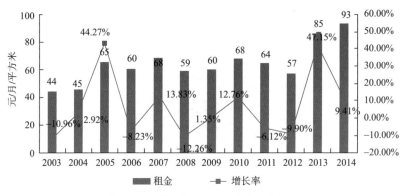

图6-27　福田中心区历年商品住房租金

从空间分布上看，我们以 2014 年底为时点绘制中心区商品住宅租金的整体空间分布曲面图，可更直观地看出中心区不同位置上商品住宅租金的高低状况。如图 6-28 为中心区商品住房租金空间分布曲面图，较直观地显示中心区住房租金的高点和低点，图中颜色越深的位置表示住房租金越高，同时一定程度上也显示出中心区商品住房租金的空间分布趋势。

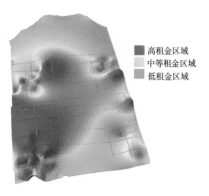

图6-28　福田中心区商品住房租金空间分布曲面图（2014 年）

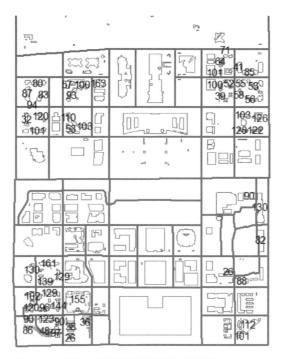

图 6-29 福田中心区商品住房租金分布图（2014 年）

注：图中数字代表该栋楼商业用房租金均价（单位：元/平方米·月）。

我们还结合中心区的建筑物空间分布情况，更细致地分析中心区商品住房租金对应建筑物的空间形态和位置分布图，详见图 6-30。

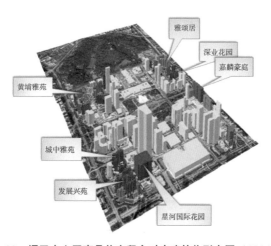

图 6-30 福田中心区商品住宅租金对应建筑物形态图（2014 年）

（三）中心区房地产总价值

福田中心区高楼林立，房地产作为中心区最重要的存量资产，房地产总价值是衡量一个片区资产价值的重要变量。不同时期的房地产总价值也可反映出该区域资产价值的变化状况。采用房地产整体估价的方法，对中心区已登记的所有房地产市场价格进行了评估汇总，进而得出了中心区房地产总价值的数据。

以2013年10月和2014年10月为评估时点分别评估核算福田中心区房地产总价值情况。2013年中心区已登记商业房地产总价值达1783亿元，其中，商务办公用房价值774亿元，住房价值580亿元，商业用房价值428亿元。2014年中心区已登记商业房地产总价值达2114亿元，其中，商务办公用房价值860亿元，住房价值717亿元，商业用房价值536亿元。如图6-31所示。总之，福田中心区2014年比2013年房地产总价值上升331亿元，增速18.6%左右。

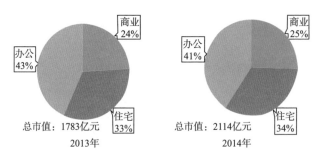

图6-31 福田中心区已登记房地产总价值的构成

（4）中心区土地价格及对企业数量分布的影响

城市中心区作为位于城市空间最核心的地区，是城市功能较完善的地区，也是基础设施和公共设施较完善的地区，并拥有较高水准的公共服务能力，因此实现了单位土地面积上资本存量的最大叠加，这些比较优势都决定了中心区是城市中区位最佳、地价最高的地区。我们运用深圳市土地整体估价模型对福田中心区土地的市场价格进行评估，并进一步绘制了福田中心区办公、商业、住宅三种不同土地利用类型的地价图，见图6-32、图6-33、图6-34。

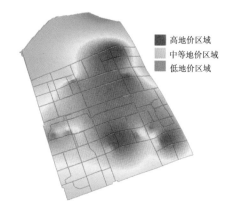

图 6-32 福田中心区办公用房地价曲面图（2014 年）

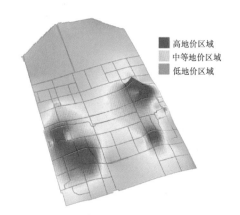

图 6-33 福田中心区商业地价曲面图

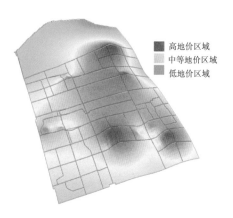

图 6-34 福田中心区住宅地价曲面图

城市中心区作为城市中区位优势最显著的区域，对企业的吸引力也是最强的。对于福田中心区来讲，尽管中心区的地价远远高于周边区域，但也吸引了大量的企业进驻中心区，形成了良好的产业聚集效应。图6-35显示了福田中心区办公类房地产地价和企业空间分布的关系。图中红颜色越深的位置表示该地方办公类房地产地价越高，绿色斑点代表该位置上企业聚集的情况，斑点越大，企业聚集数量越大。从图中可以看出，中心区作为重要的商务中心，企业聚集的密度非常高。

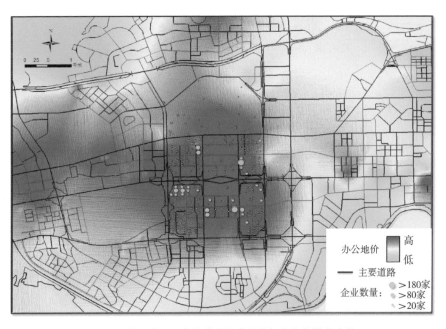

图6-35　福田中心区办公类房地产地价与企业数量分布状况

五、中心区经济发展的溢出效应

福田区政府对福田中心区周围"环CBD高端产业带"（简称"环CBD带"）进行了清晰的片区划分："环CBD带"主要包括车公庙片区、福强南片区、福田保税区、上步片区、科技广场片区、八卦岭片区、彩田北片区、上梅林片区等功能片区。其中南部集聚区（车公庙片区、福田保税区、福强南片区）以高新技术产业为特色，以自主品牌和核心技术为优势，占据产业链的高端，引领全区乃至全市电子通信、软件、芯片等高新技术产业的发展。东部集聚区（上步片区、八卦岭片区、科技广场片区）以都市产业为发展方向，高端服务业和创意文化产业的优势明显，伴随旧工业园区改造，逐步实现工业业态向都市业态的转变，成为多元混合、服务为主、活力焕发的都市核心区。北部集聚区（上梅林片区、彩田北片区）以先进制造业为突破口，航空航天、机器人产业等特色先进制造业发展迅速，积极推进电子商务、企业上市服务等新型产业的发展。如图6-36所示。

对于福田中心区与"环CBD带"而言，中心区明确的发展定位和完善的基础设施，吸引了人才、资金、技术等经济资源，并进一步形成了高端产业的聚集，形成规模经济，从而对周边地区的经济发展起到显著的带动作用。

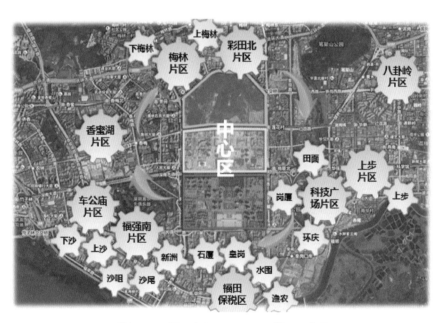

图6-36 福田中心区"环CBD带"示意图

据福田区"十二五"规划，福田区"环CBD带"在2015年产值达到1270亿，占区域比重达46.2%。统计显示，"环CBD带"2014年的产业增加值为1309亿元，在总量上已经提前实现"十二五"规划目标。2015年产业增加值约为1460亿元，如图6-37所示。

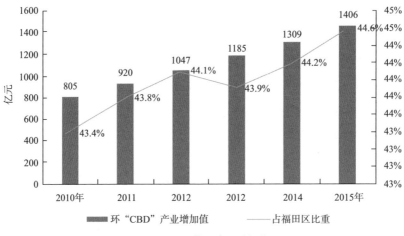

图 6-37 "环 CBD 带"产业增加值（GDP）

资料来源：福田区统计局历年统计年鉴。

　　经济效应评估是一项综合性强、涉及面广的研究工作，本章重点研究规划实施经济效应评估的内容、方法，并进行了福田中心区详规实施后首次经济效应评估。

　　1. 评估内容的选择要兼顾评估的广泛性和针对性，本章从 GDP、投资水平、产业发展、资产价值、溢出效应等五方面确立了评估的核心内容，并建立了详规实施后经济效应评估的指标体系。

　　2. 评估方法的选择关系到评估结果的精确性，针对福田中心区经济评估采用的方法，本章重点研究 GDP 核算法、房地产整体估价法、比较分析法和基于 GIS 的空间分析法等四种方法在规划评估中的适应性。

　　3. 福田中心区详规实施后经济效应评估的结果体现在以下几方面：一是经济总量持续增长，产出强度较高；二是产业机构优良，第三产业占核心地位；三是固定资产投资保持稳定规模，外商直接投资快速增长；四是中心区资产价值有效提升；五是中心区经济发展溢出效应强，对周边区域起到很好的带动效应。

　　综上所述，中心区详规实施后产生了良好的经济效应，GDP、投资水平、产业发展、资产价值、溢出效应等指标都体现了较高的成长性，证明随着中心区详规实施的深入，中心区越来越能够体现出"商务中心"

"金融中心"的基本功能，符合规划初期对中心区的规划功能定位。然而，当前我们对中心区详规实施后良好经济效应的判断都是从指标值的正向变动来客观评估得出，并非借助规划编制时设定的相关指标来进行前后对比分析得出。这意味着当前对福田中心区经济效应的好坏判断并没有一个公允的可供研究人员比较的"标的"。因此，基于现有的评估工作及评估结果，本书认为，未来详规编制，要合理判断城市规划在实施中可能的投入水平和产出水平，据此在规划文本中设置相关的经济技术指标，作为后续指导详规实施，以及详规实施过程评估和详规实施后综合效应评估工作的判断依据。

表6-11 福田中心区详规实施的经济效应评估表

内容	指标	单位（人民币）	2000 年	2008 年	2009 年	2010 年	2011 年	2012 年	2013 年	2014 年
经济总量	CBD 经济总量	亿元	7	301	323	369	419	486	568	627
	占福田区的比重	%	1.46%	20.09%	19.90%	20.13%	19.97%	20.47%	21.03%	21.19%
	中心区产出强度	亿元/平方公里	1.69	72.88	78.21	89.35	101.45	117.68	137.53	151.82
	产业结构（二产：三产）	%	50.8：48.9	0.8：99.2	0.7：99.3	0.7：99.3	0.5：99.5	0.3：99.7	0.2：99.8	0.2：99.8
产业发展	入驻单位数	家	90	3423	4271	5350	6622	7496	8761	9630
	5000 万元以下企业数	家	90	3284	4092	5125	6350	7121	8355	9150
	5000 万—1 亿元企业数	家	0	56	69	91	112	136	159	200
	1 亿元及以上企业数	家	0	83	103	129	160	209	247	280
	亿元楼	栋	0	12	16	21	24	26	28	35
	总部企业增加值	亿元	未统计	120	129	147	168	208	243	275
投资水平	固定资产投资总额	亿元	6	65	65	63	62	61	60	60
	固定资产投资强度	亿元/平方公里	1.43	15.74	15.25	15.01	14.77	14.53	14.53	15.74
	房地产开发投资	亿元	4	30	30	33	37	40	42	42
	外商直接投资总额	亿美元	0.004	1.83	1.99	2.09	2.34	2.7	2.88	3.62
资产价值	房地产总价值	亿元	未统计	未统计	未统计	未统计	未统计	未统计	1783.11	2114.16
	商务办公房产售价	元/平方米	未统计	30567	29448	42951	60028	64793	67904	71168
	商品住房售价	元/平方米	未统计	10226	26971	40733	43697	46292	50381	53021

内容	指标	单位（人民币）	2000 年	2008 年	2009 年	2010 年	2011 年	2012 年	2013 年	2014 年
资产价值	商品住房租金	元/平方米	未统计	59	60	68	64	57	85	93
	商务办公租金	元/平方米	未统计	99	107	98	133	141	154	176
溢出效应	"环 CBD 带" 增加值	亿元	未统计	未统计	未统计	805	920	1047	1185	1309

第七章　福田中心区详规实施后社会效应评估

社会效应，广义上指某一个人或者事物的行为或作用，引起其他人物或者事情产生相应变化的因果反应或连锁反应。社会效应在不同领域有着不同内涵。详规实施的社会效应是指在城市详规实施一段时期后，对规划相关范围的居民生产生活质量、社会公平、公共福利等方面的效果、反映和影响。

第一节　社会效应评估的内容

一、评估内容选取的理由

在开展福田中心区详规实施后社会效应评估之前，我们根据可持续发展理论中的社会可持续发展思想、公共政策评估理论中关于人口就业、空间要素流理论中关于人流、物流、信息流等内容，设定福田中心区社会效应评估内容及指标，采用比较分析、调查及统计分析、空间数据挖掘等方法，对福田中心区详规实施后的人口、就业、公共设施和基础设施、收入与支出等方面进行首次评估。

社会效应评估内容及指标的选取，既需要关注城市中个体"人"的综合发展状况，也需要关注城市提供公共服务的能力和水平。对"人"的关注主要从人口的总量和结构、就业总量和结构、收入和支出水平来分析；对城市公共服务能力和水平，主要从各类基础设施的总量及承载水平来展开。

二、社会效应评估的内容

根据福田中心区社会发展的特点及上述评估内容，中心区社会效应评估内容从以下几方面展开。

（一）人口

人口因素是城市发展的最关键因素。城市人口是城市劳动力的供给、消费、城市资本的来源，也是城市人文因素的重要体现，有人气的地方充满活力，经济社会发展充满能量和希望。因此，我们必须从人口的视角，即人口规模和人口结构两方面去衡量中心区详规实施的社会效应。

1. 人口规模，即福田中心区人口数量的多少。

2. 人口结构，人口结构是社会、经济、文化发展和人类自身发展的历史产物。在人口与社会、经济发展相互作用下，人口结构主要表现为年龄结构、城乡结构、产业结构、职业结构以及文化结构等，形成了自身的特点和变动的规律性。了解人口结构变动的趋势，对于进行人口预测，制定经济与社会发展规划，制定人口政策和社会经济政策等，都有着重要的意义。

（二）就业

就业是民生之本，是人民群众改善生活的基本前提和途径，决定着每个家庭的生计。就业对于国家和个人都有着十分重要意义：

1. 对劳动者而言，就业和再就业是他们赖以生存、融入社会和实现人生价值的重要途径和基本权利。

2. 对社会而言，就业关系到亿万劳动者及其家庭的切身利益，是促进社会和谐的重要基础。

3. 对经济发展而言，就业关系到劳动力要素与其他生产要素的结合，是生产力发展的基本保证。

4. 对国家而言，就业是民生之本，国家稳定之基，也是安邦之策。

由于福田中心区的城市功能定位为 CBD 和行政文化中心，因此就业岗位数量是衡量中心区详规实施后社会效应的重要指标，即福田中心区是否因为规划定位和规划实施提供了足够的就业岗位数量，提高了就业质量。这是衡量中心区规划实施成功与否的重要指标。

（三）城市基础设施

1. 公共服务，人类发展的本质是人的发展，而人的发展取决于一个国家（地区）的基本公共服务供给状况，公共服务是人类发展的重要条件，也是人类发展的重要内容。城市公共服务的改善，有利于缓解城市经济社会中所面临的各种突出矛盾，顺利推进城市建设；有利于健全城市公共服务供给的各种体制机制，引导政府逐步树立以公共服务为中心的政府职能观和绩效观；有利于推动决策的科学化和民主化，提升政府在公众心中的公信力；有利于提高全社会资源配置的效率和改善国民整体福利；有利于提高政府管理能力和国际竞争力。

对中心区公共服务的评估，主要是对中心区详规实施后的基本公共服务进行评估，如公共卫生和基本医疗、基本社会保障、公共就业指导服务，是广大居民最关心、最迫切的公共服务，是建立社会安全网、保障全体社会成员基本生存权和发展权必须提供的公共服务，也是现阶段基本公共服务的主要内容。评估方式可以从提供公共服务的设施配备出发，也可以从公共服务的投入出发，还可以从公共服务供给量出发，等等。

2. 基础设施，城市基础设施是基本公共服务供给的"硬件"内容，根据1994年世界银行发布《世界发展报告》，城市基础设施是城市生存和发展所必须具备的经济性基础设施和社会性基础设施的总称，是城市中为顺利进行各种经济活动和其他社会活动而建设的各类设备的总称。它对城市经济社会发展尤为重要，是城市达到经济效应、环境效应和社会效应的必要条件之一。经济性基础设施一般指能源系统、给排水系统、交通系统、通信系统、环境系统、防灾系统等工程设施。社会性基础设施则指行政管理、文化教育、医疗卫生、商业服务、社会福利等设施。但是，当前一般讲城市基础设施多指经济性基础设施。对福田中心区城市基础设施情况进行评价，主要是了解当前中心区城市基础设施的建设完成现状，或者说现阶段基础设施供给现状。

（四）收入与支出

居民可支配收入直接决定了支出水平，收入和支出在一定程度上反映了一个地区经济发达和活跃的程度，也反映了基本的社会福利水平。收入和支出是相对应的概念，居民可支配收入反映的是该地区居民能够自由支配的收入，是从居民总收入中扣除了缴纳给国家的各项税费，扣除了缴纳的各项社会保险，比如医疗保险、养老保险、失业保险等余下的收入。

对福田中心区内部居民的基本收入水平（主要是工资和可支配收入）

和支出水平进行分析，能够直观地了解到该片区城市居民的基本生活状况。同时，基于不同时期收入和支出的数据分析，还可以进一步分析中心区居民收入和支出的变化状况，反映中心区居民生活改善的程度。

从上述福田中心区详规实施后社会效应评估内容来看，基本可以形成中心区社会效应评估指标体系，如表7-1所示。

表7-1　福田中心区社会效应评估指标

一级指标	二级指标	三级指标
社会效应	人口	人口规模
		人口结构（包括年龄结构、教育结构等）
		人口动态分布
		职住平衡特征
		通信特征
	就业	总就业人数
		就业结构
	城市基础设施	公共交通设施总量
		道路交通可达性
		地铁客流量
		各类城市基础设施数量
		各类城市基础设施空间分布
	收入与支出	工资水平
		人均可支配收入
		支出水平

第二节　社会效应评估的方法

一、调查及统计分析法

调查及统计分析方法作为一种传统的统计方法，至今我们仍然沿用，即使在当今大数据时代，调查及统计分析方法尽管存在一些缺陷，但也有诸多可取之处。对于福田中心区的社会效应评估，之所以采用调查及统计分析方法，原因在于中心区作为一个功能区，而不是行政区，官方统计中不包括中心区范围的统计。在官方统计数据缺失的情况下，我们必须借助实地调查和统计分析的方法，获取相关的指标数据，再从现有的官方统计数据中进行剥离和筛选，来获取福田中心区范围的社会效应的相关数据。调查及统计分析法作为社会效应评估获取数据的重要手段，主要用于福田中心区人口、交通流量、城市基础设施等方面辅助数据的获取。

二、空间数据挖掘法

在大数据时代，我们必须采用空间数据挖掘方法来补充传统的调查及统计数据的不足。本次评估采用的空间数据挖掘法，主要通过三种途径来实现：

1. 基于移动通信大数据，对中心区社会效应评估相关的指标数据进行挖掘，比如日常人口动态分布、职住特征、通勤特征、通信特征等。

2. 基于网络大数据，应用相关的方法进行数据挖掘，获取中心区各类公共设施和基础设施的数量和空间分布。

基于深圳市社区网格化管理所形成的人口大数据资源，进一步挖掘出中心区相关的人口信息数据。

三、比较分析法

所谓比较分析法，就是要通过横向或纵向的数据比较，才能判断社会效应的优劣或趋向。单凭某一年份的社会效应评估指标数据，就无法判断社会效应的优劣程度。可见，比较分析法必须有一个比较的基准数据，这个基准数据既可以是横向的（比如同城市的其他区域，或者其他城市的相对应的指标数据），也可以是纵向的（比如该区域在不同时间节点上的数据）。

本章研究主要采用纵向比较分析方法，在获取福田中心区相关社会效应指标时间序列数据的基础上，对中心区不同年份的社会效应指标变化状况进行分析，判断中心区相关指标所代表的社会效应调整或者改善状况。

第三节 福田中心区社会效应评估结果

对福田中心区详规实施后社会效应评估，我们从中心区的居住人口、就业人口、公共设施和基础设施、收入支出等方面展开。

一、中心区人口总量和结构

（一）人口总量

1. 人口数据的获取途径，人口规模在一定程度上能够反映出一个地区社会发展和活跃的程度，是一个地区最重要的社会经济因素。在现有的官方统计中，人口数据主要是指常住人口，包括户籍人口和非户籍人口。由于福田中心区作为一个功能区，横跨福田和莲花两个街道，覆盖福新、福中、福安、岗厦和福山等五个社区，因此，无法从官方渠道直接获取福田中心区的人口统计数据。与此同时，深圳市现已广泛展开的社区网格化管理所采集的大数据资源，为本次评估获取人口数据提供了关键支持。

社区网格化管理是依托 GIS 地图实现网格内"人、事、地、物、情、组织、单位"等信息直观展现、常态化管理、智能分析，以硬件网络平台、数据平台、应用平台、业务平台为支撑，整合整个区域的资源、事件，以"信息采集、任务建立、任务处理、任务反馈、核查结案、考核评价"六步闭环流程，创新社会服务管理工作体系，构建"一体化网格化社会管理"信息平台体系。但是需要说明的是，社区网格化管理平台所提供的人口数据并非常住人口的概念，而是提供了某一个时点上的实有人口。

2. 中心区只能获得实有人口数据，"实有人口"包括了常住人口、流动人口、户籍人口、外籍人口等各类群体，其现行管理机制是：人一旦到达辖区居住下来，一定要纳入"实有人口管理"，进行严格登记，并纳入信息查询系统。依据社区网格化管理提供的人口数据显示，如果以 2015 年初作为统计数据的时间节点，在该时间节点上，福田中心区共有实有人口 20719 人。具体分布如图 7-1 所示。

深圳作为一个新兴的移民城市，是一个典型的人口流入型城市。据统计，福田中心区实有人口 20719 人中，人口来源最多的是广东省本土，其

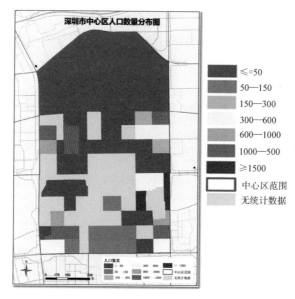

图7-1　福田中心区实有人口分布图

次分别是湖南省、湖北省、河南省、江西省和四川省。

3. 实有人口与常住人口的差异，本次评估的人口数据从深圳市、福田区两个层面进行了统计分析。以2014年底的常住人口数据和2015年初的实有人口数据对比分析发现，深圳市实有人口/常住人口为1.73：1，福田区实有人口/常住人口为1.14：1。这可以说明两个方面：一是深圳市实有人口规模远大于常住人口规模。2014年深圳常住人口为1078万人，而实有人口则达1865万人，这其中，流动性比较大的产业工人对实有人口规模的影响比较大。二是福田区实有人口规模和常住人口规模差距比较小，主要因为福田区第三产业十分发达，生产加工型工厂比较少，再加上大部分工作在福田区的人员倾向于居住在生活成本更低的关外地区，因而中心区实有人口和常住人口在统计数据上差异不大。例如，福田中心区的第三产业占比超过99%，当前的实有人口规模水平在一定程度上能够较为准确地反映常住人口的基本规模。

（二）人口年龄结构

福田中心区实有人口20719人，如果以10年（岁）作为一个划分阶段，其中人口群体规模最大的年龄段是30—40岁，约有4950人，占中心区总人口比重的23.9%。年龄段20—30岁的人口，总占比18.7%；年龄段 40—50 岁的人口，总占比 16.7%，这两大年龄群体的人口比例相当，分别居二位和第三位。具体如图 7-2 所示。

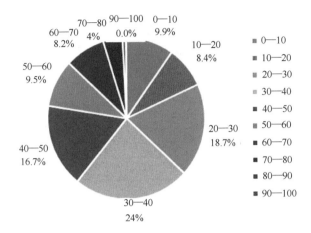

图 7-2　福田中心区人口的年龄结构

如果以 10—40 岁作为人口青壮年群体，福田中心区青壮年人口总计约 16075 人，总占比约 77.59%，人口年龄结构比较合理。在老龄化人口核算中，60 岁以上人口群体共有 2673 人，占中心区人口比重的 12.9%，如果以国际通用的标准来衡量，即当一个国家或地区 60 岁以上老年人口占人口总数的 10%，或 65 岁以上老年人口占人口总数的 7%，即意味着这个国家或地区的人口处于老龄化社会。由此也可看出，尽管中心区青壮年群体规模很大，但是老龄人口规模扩大已初现端倪，人口老龄化或许是中心区的一个隐形问题。

（三）人口素质结构

人口是生产要素——劳动力的重要支撑，人口的素质（如科学文化素质，可用教育水平来反映）对一个区域的劳动力素质有一定影响。福田中心区作为深圳城市经济社会发展的核心地区，也是高端产业聚集和生产要素聚集的地区，由此吸引了众多的高素质人口在此聚集。具体的人口素质结构如图 7-3 所示。

福田中心区人口的教育结构中，受过大专及以上教育的人口约 7523 人，占比 36.31%，受过研究生教育的 513 人，占比 2.48%，人口素质结构十分优异，充分体现了城市中央商务区在人才聚集层面的吸引力。

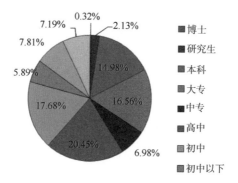

图 7-3　福田中心区人口素质结构

（四）人口职业结构

人口的职业结构反映了当前福田中心区人口的基本就业状况。如图7-4所示，在已经明确的职业类型中（除去非劳动年龄和其他类型），主要从事商业、服务业人口比例较高，总体占比32%左右。

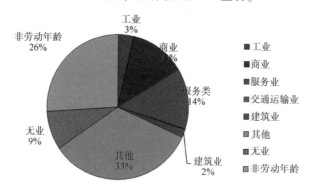

图 7-4　福田中心区人口的职业结构

（五）人口动态密度①

本次人口密度数据采集基于深圳市某运营商对深圳市近 600 万手机用户的定位数据，而不是深圳市总人口，由于手机用户在总人口占比的相对关系，因此，其采集结果是一个相对数值，而不是绝对数值。本次对福田中心区采集人口动态的土地面积统计范围是中心区城市建设用地 4 平方公

---

① 本部分内容根据中国科学院深圳先进技术研究院尹凌博士团队研究成果编制而成，主要对福田中心区进行了基于手机定位数据的人口动态特征与通信联系特征的分析。

里，采集时间是 2012 年某一工作日，采集数据结果反映了福田中心区一天
24 小时的人口密度变化趋势。

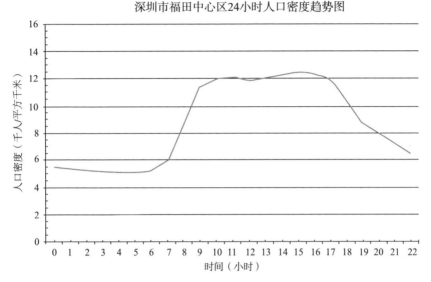

深圳市福田中心区24小时人口密度趋势图

图 7-5　福田中心区 24 小时人口密度变化趋势图

从福田中心区 2012 年某一工作日 24 小时人口密度变化曲线中可以看
出，中心区人口密度变化趋势主要分为四个阶段。在夜间 0 点到早晨 6 点
期间，人口密度稳定在近 6000 人/平方公里，该时段居民主要活动类型为
夜间休息，人口流动性较小。从上午 7 点至 11 点时段，居民开始早通勤活
动，人口密度开始逐渐增大，由上午 7 点钟的近 6000 人/平方公里上升至
上午 11 点钟的近 1.2 万人/平方公里，人口密度增加一倍。中午 12 点左右
中心区人口密度有小幅下降，下午 14 点至 18 点在基本保持稳定的基础上
小幅增加，最高点为下午 15 点。下午 18 点至晚上 22 点时段，中心区人口
密度呈逐渐下降趋势，由近 1.2 万人/平方公里下降至近 6000 人/平方公里
的夜间人口密度稳定状态。

（六）人口出行量变化①

基于深圳市某运营商百万级手机用户的定位数据，本研究从每一个手

---

①　本部分内容根据中国科学院深圳先进技术研究院尹凌博士团队研究成果编制而成，主要
对福田中心区进行了基于手机定位数据的人口动态特征与通信联系特征的分析。

机用户的轨迹中识别出停留与移动，进而反映出福田中心区全天24小时人口流动趋势，详见图7-6。

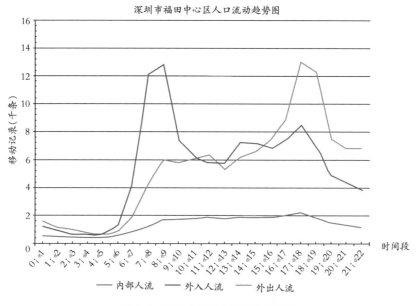

图7-6　福田中心区人口流动趋势图

图7-6福田中心区人口流动趋势图中，橙色曲线表示各时段人口由中心区外流入中心区内的流动趋势，灰色曲线表示各时段人口由区内流出到区外的流动趋势，蓝色曲线表示各时段在中心区内部的人口流动趋势。图7-6显示以下信息情况：

1. 夜间0点到早晨6点时段，三条曲线的变化趋势都基本保持稳定状态，均在2000条移动记录以内。相较而言，该时段外入人流与外出人流都随时间增加呈微弱下降趋势，而内部人流则较为平稳。

2. 上午6点以后，各曲线的变化趋势出现明显不同，中心区的内部人口流动虽随时间增加呈小幅增加，但在全天时段内仍然基本稳定在近2000条移动记录左右，表明中心区内部人流量在全天基本保持均匀状态。而外入人流量在6—7点内则呈现急剧增加态势，由每小时近2000条移动记录剧增到每小时超过12000条移动记录。

3. 至上午9点，外入人流增加至每小时近13000条移动记录。7点到

9 点这一时段内，居民主要进行早通勤活动，大量人口由中心区外进入中心区内。同样，该时段外入人流也呈增加态势，至上午 9 点左右增加至每小时近 6000 条移动记录。

4. 上午 9 点至下午 13 点期间，外入人流量在上午 10 点快速回落至每小时 7000 条移动记录后，呈现小幅下降并稳定在每小时 6000 条移动记录左右。外出人流量在该时段内则基本保持稳定，每小时记录数为 6000 条移动记录左右。

5. 下午 13 点至 18 点时段，外入人流量再次开始随时间小幅增加，由每小时近 6000 条移动记录增长至每小时近 8000 条移动记录，而外出人流量则出现与上午 8 点至下午 13 点期间外入人流量变化相反的趋势，由每小时近 6000 条移动记录增长至每小时近 13000 条移动记录。该变化趋势表明，该时间段内居民逐渐开始进行晚通勤活动。

6. 晚上 18 点后，外入人流量与外出人流量趋势均呈下降趋势。人口流动次数减少。注意上述人口流动数据是基于深圳市近 600 万手机用户为基准计算得到的，而不是深圳市总人口，因此，需要关注上述人口流动量的相对关系，而不是其绝对数量值。

（七）职住对比特征①

基于深圳市某运营商百万级手机用户的定位数据，本研究从手机用户的轨迹中识别出个体的居住地与工作地，进而分析职住特征。首先，以使用 300 米作为基站距离阈值，识别用户空间活动的停留区域，构建个体 24 小时出行序列。然后，在 0—6 点的大概率居家时段与 9—22 点的潜在工作时段内，分别按照停留时间大于 3 小时与停留时间大于 4 小时的条件，提取用户对应类型的停留区域。最后，挑选区域中停留时间最长的基站点作为家（或工作地）相对应的基站点位置，同时识别筛选出工作地与居住地的用户。

按照上述方法和原理，以深圳市近 600 万手机用户为基准的定位数据，对福田中心区进行了职住对比特征分析。由于手机用户在总人口占比的相

---

① 本部分内容根据中国科学院深圳先进技术研究院尹凌博士团队研究成果编制而成，主要对福田中心区进行了基于手机定位数据的人口动态特征与通信联系特征的分析。

对关系，因此，其结论是相对数值，而不是绝对数值。在这 600 万手机用户中，居住在福田中心区，同时又在此工作的有 32414 人；居住在福田中心区，但不在此工作的有 20200 人；在福田中心区工作，但不在此居住的有 96175 人。综上所述，手机用户中，居住在中心区及周边的人数共有 5.2 万人，在中心区及周边工作的人数约 12.8 万人。

1. 整体通勤特征

本研究主要采用外入通勤比例、外入通勤距离、外出通勤比例、外出通勤距离等四个指标分析福田中心区的整体通勤特征。

针对一个特定区域，本研究定义在该区域工作但不在该区域居住的人口为外入工作者。外入工作者对应的外入通勤比例由公式 1 所得：

$$外入通勤比例=\left(\frac{区域内就业样本数-就业且在本区域居住样本数}{区域内就业样本数}\right)$$

（公式 1）

针对一个特定区域，本研究定义在该区域居住但不在该区域工作的人口为外出工作者。外出工作者对应的外出通勤比例由公式 2 所得：

$$外出通勤比例=\left(\frac{区域内居住样本数-居住且在本区域就业样本数}{区域内居住样本数}\right)$$

（公式 2）

由上述公式计算得到：福田中心区外入通勤比例为（（96175+32414）-32414）/（96175+32414）= 74.8%，外出通勤比例为（（20200+32414）-32414）/（20200+32414）= 38.4%。外入通勤比例近乎为外出通勤比例的两倍。

针对同一个体，本研究定义该个体的职住地两点间欧氏距离为其通勤距离。通过对福田中心区外入和外出工作者通勤距离的计算得到：福田中心区外入工作者平均直线通勤距离为 6.49 公里，福田中心区外出工作者平均直线通勤距离为 5.44 公里。由深圳市手机用户计算所得，全深圳市非职住同地居民的平均直线通勤距离为 2.95 公里。福田中心区的居住与工作者通勤距离显著高于深圳市平均水平。这一方面由于福田中心区高昂的房价导致就业人员向外扩散，另一方面由于深圳市原特区外存在大量传统产业，这些产业从业人员通常居住在工作地附近，导致原特区外的通勤距离普遍较短，拉低了深圳市平均通勤距离。

2. 外入工作者特征

由表 7-2 与图 7-7 显示，在行政区尺度，福田中心区外入工作者主要来自福田区（除中心区以外），占比为 52.66%；其次为南山区，占比为 12.70%；第三为罗湖区，占比为 12.38%；第四为龙岗区，占比为 9.42%；第五为龙华新区，占比为 8.03%；这五个区域构成了外来工作者的主要居住地来源，占外入工作者总人数的 95.21%。

表 7-2　福田中心区外入工作者各行政区来源比例表

（单位：人，%）

行政区	人数	百分比	行政区	人数	百分比
宝安区	3857	4.01	龙华新区	7726	8.03
大鹏新区	55	0.06	罗湖区	11903	12.38
福田区	50643	52.66	南山区	12214	12.70
光明新区	179	0.19	坪山新区	83	0.09
龙岗区	9063	9.42	盐田区	450	0.47

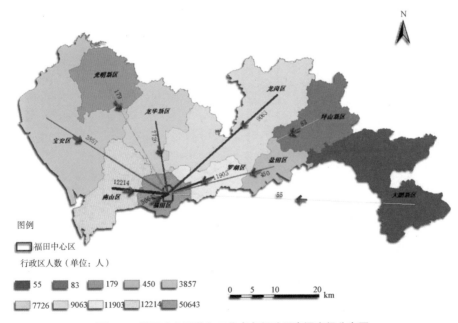

图 7-7　福田中心区外入工作者各行政区来源空间分布图

由图 7-8 可知，以街道尺度为统计单位，福田中心区外入工作者主要来自福田街道、沙头街道、民治街道、莲花街道以及梅林街道等。

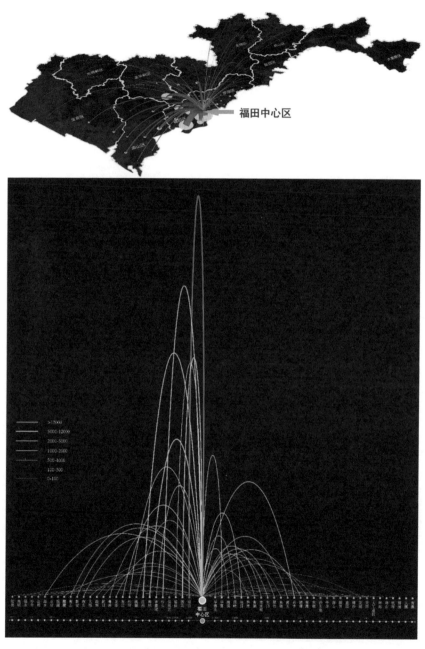

图 7-8 福田中心区外入工作者各街道来源比例示意图

由图7-9可知，从来源方向的角度，在福田中心区外入工作者中，北面的来源主要集中在龙华方向，东面的来源主要集中在布吉和黄贝方向，南面的来源分布较为平均，西面的来源主要集中在西乡和新安方向。

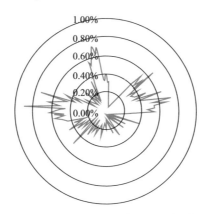

图7-9　福田中心区外入工作者各方向的比例雷达图

从表7-3和图7-10中可知，总体上，随着通勤距离的增加，福田中心区的外入工作者逐渐减少。50%的外入工作者通勤距离在5公里以内，80%的外入工作者通勤距离在12公里以内，90%的外入工作者通勤距离在14公里以内。在8—10公里范围内出现一个外入工作者的小高峰，推测这是外入工作者在通勤距离与居住成本等各种因素综合考虑下的结果。

表7-3　福田中心区外入工作者不同通勤距离频率统计

（单位：公里，人）

距离	人数	距离	人数	距离	人数	距离	人数	距离	人数
0~1	9739	10~11	3143	20~21	529	30~31	111	40~41	4
1~2	15121	11~12	2835	21~22	248	31~32	118	41~42	2
2~3	11791	12~13	2799	22~23	132	32~33	93	42~43	5
3~4	9022	13~14	2766	23~24	129	33~34	60	43~44	4
4~5	4912	14~15	2547	24~25	96	34~35	51	44~45	7
5~6	3773	15~16	1404	25~26	186	35~36	41	45~46	2
6~7	3962	16~17	982	26~27	184	36~37	30	46~47	1
7~8	4925	17~18	944	27~28	186	37~38	15	47~48	0
8~9	5726	18~19	863	28~29	167	38~39	18	48~49	3
9~10	5571	19~20	722	29~30	184	39~40	20	49~50	2

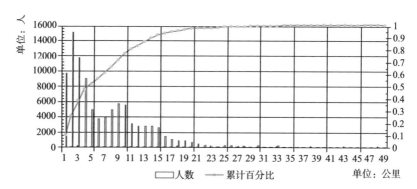

图 7-10　福田中心区外入工作者通勤距离分布图

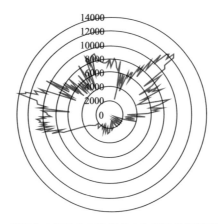

图 7-11　福田中心区外入工作者各方向的平均通勤距离雷达图

由图 7-11 可知，从方向的角度，在福田中心区外入工作者中，北面的平均通勤距离较短，通常在 8 公里左右；东面的通勤距离普遍较长，其中通勤距离最长的来自龙岗方向，超过 12 公里；南面的通勤距离分布均匀，并且距离最短，在 2—3 公里左右；西面的平均通勤距离也较长，超过 10 公里者占比较多。

3. 外出工作者特征

由表 7-4 与图 7-12 显示，在行政区尺度，福田中心区外出工作者主要去往福田区（除中心区以外），占比为 68.03%；其次为罗湖区，占比为 11.51%；第三为南山区，占比为 8.35%；这三个区域构成了外出工作者的主要工作地，占外出工作者总人数的 87.89%。

表7-4　福田中心区外出工作者各行政区来源比例表

（单位：人，%）

行政区	人数	比例	行政区	人数	比例
宝安区	650	3.22	龙华新区	660	3.27
大鹏新区	44	0.22	罗湖区	2324	11.51
福田区	13740	68.03	南山区	1686	8.35
光明新区	91	0.45	坪山新区	71	0.35
龙岗区	812	4.02	盐田区	120	0.59

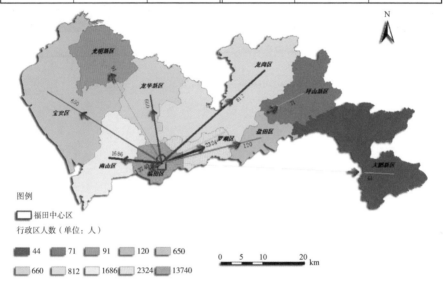

图例
☐ 福田中心区
行政区人数（单位：人）

44　71　91　120　650
660　812　1686　2324　13740

0　5　10　20 km

图7-12　福田中心区外出工作者各行政区去向空间分布图

由图7-13可知，以街道尺度为统计单位，福田中心区外出工作者主要去向福田街道、沙头街道、莲花街道、华强北街道以及华富街道等。

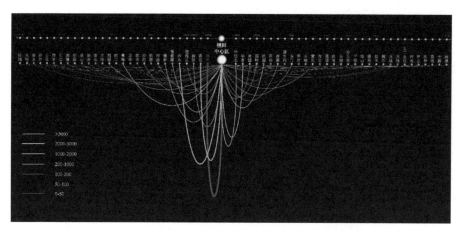

图 7-13　福田中心区外出工作者各街道去向比例示意图

由图 7-14 可知，总体而言，福田中心区外出工作者的工作去向呈现东西扁平状。南北面的工作去向相对分布均匀，西面的工作去向主要集中在粤海街道方向，东面的工作去向主要集中在南园、桂圆与园岭方向。

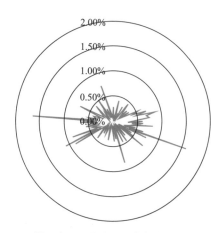

图 7-14　福田中心区外出工作者各方向的比例雷达图

从表 7-5 和图 7-15 中可知，总体上，随着通勤距离的增加，福田中心区的外出工作者人数快速减少，中心区的外出工作者对通勤距离更加敏感。50% 的外出工作者通勤距离在 5 公里以内，80% 的外出工作者通勤距离在 10 公里以内，90% 的外出工作者通勤距离在 15 公里以内。

表 7-5　福田中心区外出工作者通勤距离

（单位：公里，人）

距离	人数	距离	人数	距离	人数	距离	人数	距离	人数
0~1	4940	10~11	3143	20~21	339	30~31	43	40~41	11
1~2	3122	11~12	2835	21~22	433	31~32	50	41~42	2
2~3	2215	12~13	2799	22~23	383	32~33	58	42~43	4
3~4	2066	13~14	2766	23~24	312	33~34	36	43~44	3
4~5	1339	14~15	2547	24~25	291	34~35	22	44~45	6
5~6	1020	15~16	1404	25~26	186	35~36	38	45~46	1
6~7	705	16~17	982	26~27	136	36~37	37	46~47	2
7~8	527	17~18	944	27~28	130	37~38	9	47~48	3
8~9	451	18~19	863	28~29	116	38~39	11	48~49	3
9~10	368	19~20	722	29~30	118	39~40	11	49~53	8

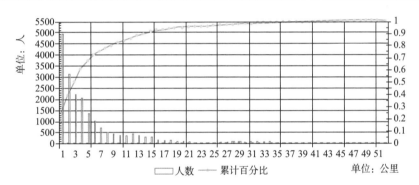

图 7-15　福田中心区外出工作者通勤距离分布图

由图 7-16 可知，从方向的角度，在福田中心区外出工作者中，通勤距离呈现南北分异，北面的外出通勤距离显著高于南面。其中，西北面去向宝安方向的平均外出通勤距离最长，在 15—20 公里；去正北面的平均通勤距离在 12 公里左右；去向西北面的平均通勤距离在 10—15 公里；与外入通勤距离分布类似，南面的外出通勤距离分布相对均匀，并且距离最短，绝大部分在 5 公里以内。

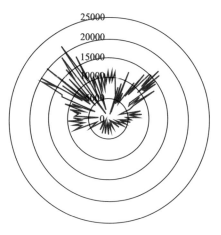

25000
20000
15000
10000
5000
0

图 7-16 福田中心区外出工作者各方向的平均通勤距离雷达图

（八）通信联系强度①

本研究使用通话数量表示通信联系强度，从福田中心区主动拨出的电话称之为主动联系，在福田中心区接入的电话称之为被动联系。本研究通过深圳市某运营商百万级手机用户的通话记录数据，分析了福田中心区 24 小时主动与被动通话联系强度，并与全市整体情况进行对比。

福田中心区与深圳市各时段主动拨出与被动接入的电话数分别详见图 7-18 和图 7-19 所示。福田中心区各个时段主动联系强度与被动联系强度在时间上具有相同的趋势，11：30 与 17：30 分别为上午和下午通信联系的两个高峰时段，分别对应上午下班与下午下班前；两个高峰时段之间联系强度最弱的时段是 13：30，对应中午午休时段。上述趋势与深圳市的总体通信联系强度趋势相似。不同的是，福田中心区的上述两个高峰时段通信强度相当，而深圳市总体在下午的高峰期通信强度高于上午的高峰期；此外，在 15：30 左右，福田中心区有一个小的通信高峰值。

由于福田中心区与深圳市总体的通话数量存在量级区别，为了进一步对比福田中心区与深圳市总体的通信联系强度，本研究提出下列通信强度标准值的计算公式：

---

① 本部分内容根据中国科学院深圳先进技术研究院尹凌博士团队研究成果编制而成，主要对福田中心区进行了基于手机定位数据的人口动态特征与通信联系特征的分析。

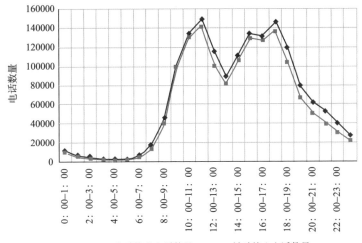

图 7-17　福田中心区各时段通信联系强度图

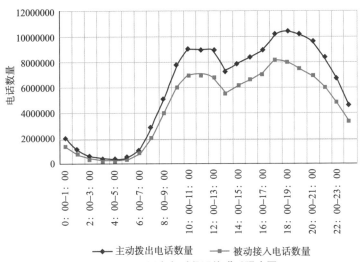

图 7-18　深圳市各时段通信联系强度图

$$通信强度标准值 = \frac{当前时段通话数 - 各时段通话数最小值}{各时段通话数最大值 - 各时段通话数最小值}$$

（公式3）

　　由图 7-19 与图 7-20 可知，基于通信强度的标准值，福田中心区上午的通信高峰期强度明显高于深圳市的总体情况；之后通信强度快速下降，中午 13：30 左右福田中心区通信强度处于最低谷，略低于深圳市总体情况；

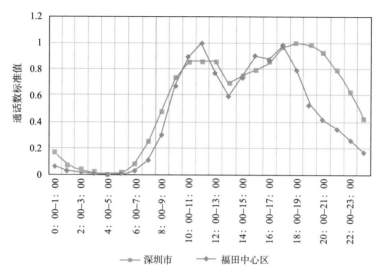

图7-19 福田中心区与深圳市各时段主动通信联系强度对比图

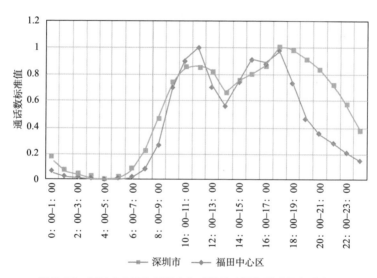

图7-20 福田中心区与深圳市各时段被动通信联系强度对比图

之后通话强度持续增强，在下午15：30左右出现小高峰，在17：30出现
下午的最高峰；17：30之后福田中心区的通信强度快速下降，然而深圳市
总体高峰略晚于福田中心区，并且此后深圳市总体的通信强度下降速度与

程度都明显低于福田中心区。与深圳市总体情况相比，福田中心区的通信强度与居民正常工作强度呈现出更好的相关性，这主要与福田中心区显著的商务功能相关。

二、中心区就业状况

（一）就业人口

就业是一个城市或地区经济社会发展最核心要素。通常用总就业岗位和失业率指标反映一个地区的就业情况。我们可以通过观察不同时期中心区的总就业人口来基本估算总就业岗位；然而，失业率却很难进行统计估算。对于福田中心区的就业岗位而言，在不能获取福田中心区各类企事业单位提供的最高就业岗位前提下，我们可用实际发生的就业岗位——即某一时点的就业人口规模数据来分析。福田中心区就业人口规模在一定程度上反映了该时点上的基本就业容量。

从就业人口总量上看，如图 7-21 所示。

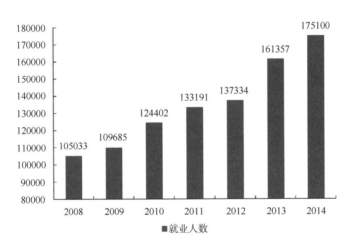

图 7-21　福田中心区总就业人口（单位：人）

2000 年福田中心区总就业人口约有 10185 人，随着中心区新建筑的逐步建成和产业的聚集，经济规模逐步放大，到 2008 年中心区总就业人口已经达到 105033 人，到 2014 年总就业人口达到 175100 人。与 2000 年相比，总就业人口增长了 17 倍。从总就业人口的年度增长率来看，2009—2014

年间，中心区总就业人口年度增速为9%。总之，中心区的就业状况处于平稳增长的态势。

（二）就业结构

就业结构又称社会劳动力分配结构，主要反映不同行业的就业人口所占的比重。一般指国民经济各部门所占用的劳动力数量、比例及其相互关系，或指不同就业人口之间及其在总就业人口中的比例关系，它表明了一个城市或（地区）劳动力资源的配置状况或变化特征。总体来说，就业结构是从属于经济结构的，特别是产业结构对就业结构有着决定性影响，但不是唯一的因素。

如表7-6所示，2000年福田中心区就业人口10185人，就业人口数量排名前三的分别是：房地产业3318人，制造业2584人，其他服务业1293人。而最近5年，随着中心区产业的不断优化，中心区的就业结构趋于稳定。

表7-6　福田中心区各年度就业人数及前三位的行业　　　　（单位：人）

年份	就业人数	各年度就业人数居前三位的行业		
		第一	第二	第三
2008	105033	批发零售业 25783 个	租赁和商务服务业 22153 个	房地产业 10317 个
2009	109685	租赁和商务服务业 29352 个	批发零售业 27038 个	金融业 9882 个
2010	124402	批发零售业 30538 个	租赁和商务服务业 26238 个	房地产业 12220 个
2011	133191	批发零售业 32695 个	租赁和商务服务业 28092 个	房地产业 13083 个
2012	137334	租赁和商务服务业 36751 个	批发零售业 33853 个	房地产业 12374 个
2013	161357	租赁和商务服务业 43180 个	批发零售业 39775 个	金融业 14538 个
2014	175100	租赁和商务服务业 49028 个	批发零售业 43775 个	金融业 19260 个

三、中心区城市基础设施水平

对福田中心区公共设施和基础设施服务能力的评估，限于现实条件，目前只能从各类设施的供给数量来分析。因为供给数量能够最大限度地反映现有的公共设施和基础设施为中心区提供服务的能力。

(一)公共交通设施总量

目前，中心区内部共有公交站点 57 个，涉及 130 条公交线路。穿过中心区地铁线路共有 4 条，分别是罗宝线、龙华线、龙岗线、蛇口线。区域内（包括边界）共有地铁站 8 个，分别是少年宫站、市民中心站、购物公园站、会展中心站、福田站、岗厦站、莲花村站、莲花西站。这其中，还有一个大型交通枢纽——福田交通综合枢纽，是深圳市第一个具备车港功能的综合交通枢纽，是国内最大"立体式"交通综合换乘站，是集高速铁路、城际铁路、城市轨道交通、公交以及出租等多种交通设施于一体的立体式换乘综合交通枢纽。它的投入使用，将以高效率、大容量、无缝接驳、以人为本为特点，代表深圳国际化的水平，成为构建和谐交通、效应交通，完善城市功能的重要举措，并将进一步支撑起中心区交通中心的地位。公交站点和地铁站点分布见图 7-22。

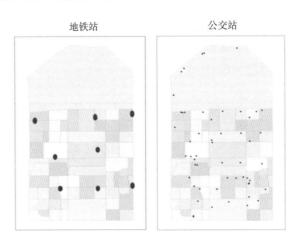

图 7-22　福田中心区主要交通站点

注：图中圆点代表地铁站或公交站所在位置。

(二)道路交通可达性分析

如果说地铁和公交站点主要展现了中心区现实的公共交通服务供给能力，那么我们还必须对中心区的可达性进行分析。

首先，根据《中华人民共和国公路工程技术标准（JTT B01-2014）》规定的公路设计速度，并结合研究区域实际情况，确定各等级道路行车速度：高速公路 120 千米/小时、一级道路 100 千米/小时、二级道路 80 千米

/小时、三级道路 60 千米/小时、四级道路 40 千米/小时、五级道路 30 千米/小时，无道路地区 5 千米/小时。

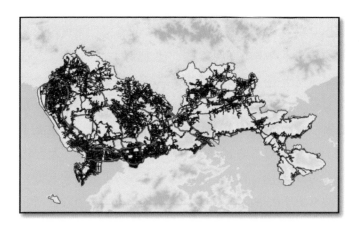

图 7-23　深圳市各级公路网状图

其次，根据不同等级道路计算每个单元（30 米）的通勤时间成本（通勤时间成本＝道路长度/速度），结果如图 7-24 所示：

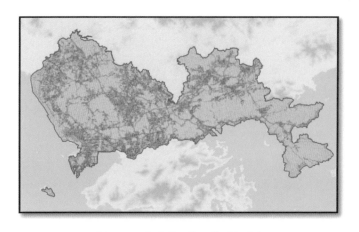

图 7-24　每个单元的通勤时间成本

将福田中心区作为原点，利用成本距离法计算得到中心区的可达性分布图，如图 7-25 所示：

进一步的，结合路径通勤时间分析，得到在不考虑交通拥堵的理想情

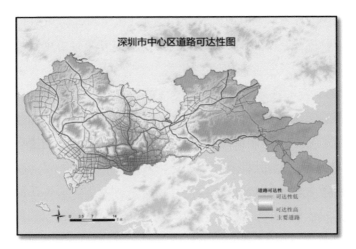

图 7-25　福田中心区道路可达性图

况下，中心区的 20 分钟以及 30 分钟可到达的覆盖范围，如图 7-26 所示：

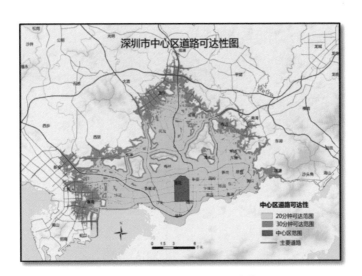

图 7-26　福田中心区道路可达范围

　　由图 7-25 和图 7-26 可以看出，福田中心区相比较于深圳其他地区，拥有最好的通勤条件和最广泛的可达范围。从结果图来看，中心区的道路可达性高的地区主要沿着广深高速、梅关高速、北环大道、滨海大道等主干道呈树枝状向西面、北面和东面展开。中心区到达福田、罗湖、南山、龙华等地区的道路可达性比较理想，而到大鹏、坪山等地区的可达性则较差。根据理想情况下的通勤时间测算，从中心区出发，20分钟内可到达最远处为沙河、桃源、民治、东晓、黄贝等地区；30分钟内可到达最远处为南头、新安、龙华、布吉、莲塘等地区。

（三）福田中心区地铁客流量

福田中心区内部五大地铁站（少年宫站、会展中心站、市民中心站、购物公园站、福田站）平均每日输送旅客约205237人次，其中进站旅客约101608人次，出站旅客103629人次。日均客流量最大的站点是会展中心站，日均输送旅客达72625人次。日均输送客流量最小的站点是市民中心站，达16695人次。

如图7-27所示，蓝色斑点大小代表该地铁站每日输送旅客总体规模。其中会展中心进出站人口最多，依次是购物公园、少年宫、福田站、市民中心。

具体来看，福田中心区每一个地铁站每日输送旅客人次呈现出较大差异，如图7-28所示。

福田中心区与深圳市其他商业中心区的地铁站点相比，除了老街站每

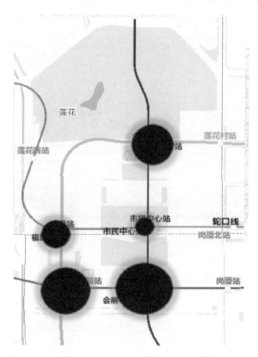

图7-27　福田中心区五大地铁站每日输送旅客规模

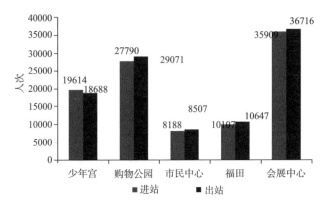

图 7-28 福田中心区五大地铁站每日输送旅客人次

日输送旅客规模特别大之外，其他商业中心的地铁站点如华强北站、后海站、宝安中心区站日均输送旅客规模均小于中心区会展中心站的总规模。

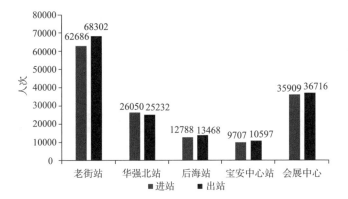

图 7-29 深圳其他商圈（商业中心）地铁站点人流量

具体到每一个站点来看，福田中心区作为重要的商务办公区，每日输送旅客在不同时点也有较大差异，呈现出典型的早高峰和晚高峰特征。如图 7-30 所示。

1. 少年宫站

少年宫站日平均客流量 38302 人次，其中进站 19614 人次，出站 18688 人次。从全年平均来看，早高峰是 9 点左右，每小时平均运送 2477 人次，晚高峰是 18 点，每小时平均客流量 2887 人次。周末进站高峰是下午 18 点，每小时平均运送旅客 3711 人次，出站高峰是下午 15 点，每小时平均

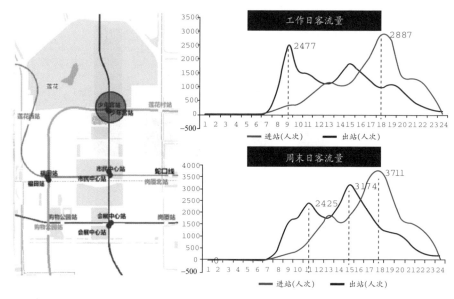

图 7-30　少年宫站在不同时点输送旅客情况

运送旅客 3714 人次。

2. 福田站

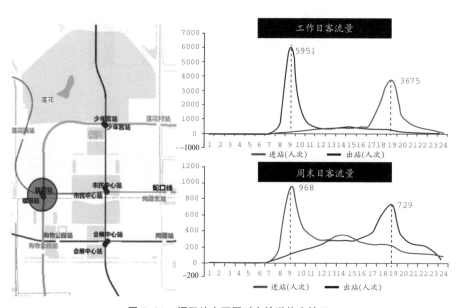

图 7-31　福田站在不同时点输送旅客情况

福田站日平均客流量 20754 人次，其中进站 10107 人次，出站 10647 人次。从全年平均来看，工作日早高峰是 9 点左右，每小时平均运送 5951 人次，晚高峰是 19 点，每小时平均客流量 3657 人次。周末进站高峰是上午 9 点，每小时平均运送旅客 968 人次，出站高峰是下午 19 点，每小时平均运送旅客 729 人次。

3. 市民中心站

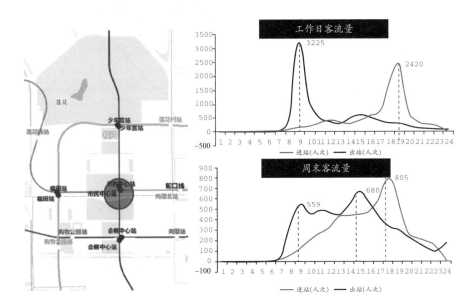

图 7-32　市民中心站不同时点输送旅客情况

市民中心站日平均客流量 16695 人次，其中进站 8188 人次，出站 8507 人次。从全年平均来看，工作日早高峰是 9 点左右，每小时平均运送 3225 人次，晚高峰是 19 点，每小时平均客流量 2420 人次。周末进站高峰是下午 18 点，每小时平均运送旅客 805 人次，出站高峰是下午 15 点，每小时平均运送旅客 680 人次。

4. 会展中心站

会展中心站日平均客流量 72625 人次，其中进站 35909 人次，出站 36716 人次。从全年平均来看，工作日早高峰是 9 点左右，每小时平均运送 9955 人次，晚高峰是 19 点，每小时平均客流量 8039 人次。周末进站高峰是下午 18 点，每小时平均运送旅客 3497 人次，出站高峰从 9 点一直持

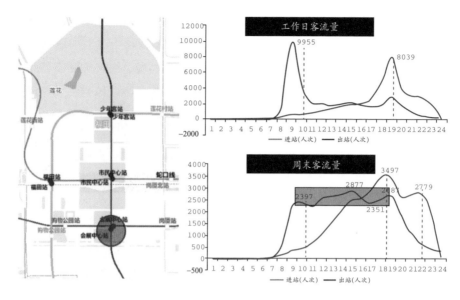

图7-33 会展中心站不同时点输送旅客情况

续到19点。

5. 购物公园站

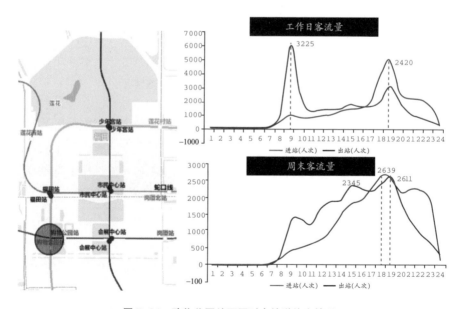

图7-34 购物公园站不同时点输送旅客情况

日平均客流量 56861 人次，其中进站 27790 人次，出站 29071 人次。从全年平均来看，工作日早高峰是 9 点左右，每小时平均运送 6280 人次，晚高峰是 19 点，每小时平均客流量 5153 人次。周末进站高峰是 18 点，每小时平均运送旅客 2639 人次，出站高峰是 19 点，约 2661 人次。

（四）其他公共设施和基础设施

福田中心区共有大中小型购物场所（包括各类超市、便利店等）406 处；中心区具备一定规模的营业许可的餐饮场所（包括饭店、连锁点、快餐店）774 处；中心区宾馆 42 家；中心区各类教育机构（包括学校、培训结构等）共有 77 家；中心区金融机构主要是各银行的分支行、自助服务站点共有 723 家；中心区共有各类医疗结构（医院、诊所、社区医院等）37 家。具体如图 7-35 所示。

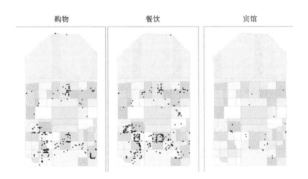

图 7-35　福田中心区各类公共设施（A）

注：图中各圆点代表该类设施所在位置。

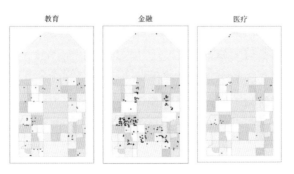

图 7-35　福田中心区各类公共设施（B）

注：图中各圆点代表该类设施所在位置。

四、中心区人均收入与支出情况

（一）工资水平

从月平均工资看，2000 年福田中心区的月平均工资约 1563 元左右，2008 年中心区的月平均工资为 5537 元，至 2014 年中心区的月平均工资增加至 8435 元，仅对比 2000 年和 2014 年这 15 年间，中心区月平均工资水平总体增长了约 5.4 倍。具体情况详见图 7-36 所示，为 2008—2014 年福田中心区和深圳市的工资水平变化情况。

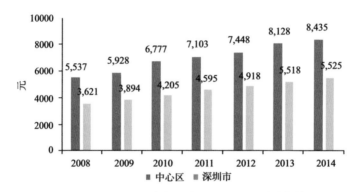

图 7-36　2008—2014 年福田中心区月平均工资变化情况

资料来源：福田区统计局。

从绝对水平上看，福田中心区月平均工资水平远高于深圳市全市平均水平。以 2014 年为例，中心区月平均工资比深圳市全市水平高了约 52.7%左右。从增速上看，2008—2014 年间，深圳市全市月平均工资年均增长7.3%左右，中心区月平均工资年均增长 7.32%左右，两者增长水平相当。

（二）人均可支配收入

人均可支配收入是指个人可支配收入的平均值，个人可支配收入指个人收入扣除向政府缴纳的各种直接税以及非商业性费用等以后的余额。个人可支配收入被认为是消费开支的最重要的决定性因素，因而常被用来衡量一个地区生活水平的变化情况。如图 7-37 所示，2008 年中心区人均可支配收入为 31740 元，同时期深圳市人均可支配收入约为 26729 元，中心区比深圳市高 18.7%；2014 年福田中心区人均可支配收入达 54029 元，深圳市平均水平是40948元，中心区比深圳市平均水平高约32%，由此可见，二者差距有进一步扩大的趋势。从人均可支配收入的年均增长来看，2008—2014年间，中心区人均可支配收入年均增长9.4%，高于同时期深圳市7.6%的平均水平。

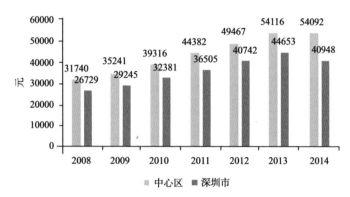

图7-37　2008—2014年福田中心区人均可支配收入

资料来源：福田区统计局。

（三）支出水平

支出水平反映了一个地区居民的基本生活状况，通常采用居民年度人均总支出来衡量。图7-38数据显示，近年来，随着中心区居民人均可支配收入的稳步提高，中心区居民的年度总支出水平也在水涨船高。从绝对支出水平上看，中心区居民的绝对支出水平远高于深圳市平均水平。以2014年为例，中心区居民年度支出水平比深圳市平均水平高了37%左右，这也符合中心区居民的可支配收入比深圳市平均水平高32%的情形。从年度增速上看，2008—2014年间，中心区居民年度总支出水平增速约为9.7%，略高于深圳市9.3%的年均增速水平。

对比福田中心区居民的人均可支配收入和支出水平，如果用年度的人均可支配收入减去年度的总支出后所得的数额来绘图，可初步估算中心区居民的年度收支平衡状况。如图7-39所示。中心区居民年度的人均可支配收入减去年度的总支出基本有一定节余，但是规模不太大，能够维持基本的个人收支平衡水平。

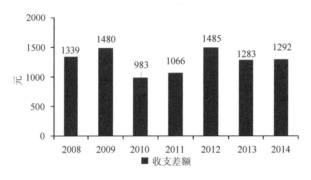

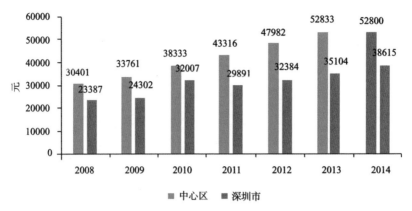

图 7-38 福田中心区年度人均总支出

资料来源：福田区统计局。

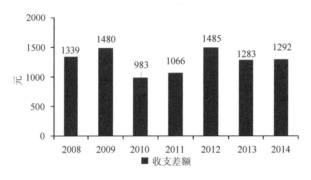

图 7-39 2008—2014 年福田中心区居民年度的收支平衡图

资料来源：在福田区统计局提供数据基础上计算得出。

第四节 福田中心区社会满意度评估结果

公共参与的评估方法是城市规划评估中一种很重要且容易采用的方法，采用公众参与的评估方法，能够较为准确地定位详规实施影响范围内的群体对详规实施后的感知状况（如满意度）。因此在开展福田中心区详规实施后社会效应评估的时候，采用公众评估的方法对详规实施的社会满意度进行研究，可以作为详规实施后社会效应评估的重要支撑结论。

一、满意度评估框架的建立

● 本次社会满意度调查对象：福田中心区的居民、访客和上班族。

● 调查内容：首先是针对三大群体的基本甄别信息设计。其次，针对中心区居民主要调查居住状况；针对上班族主要调查工作方便程度；针对访客主要调查对中心区的主观感受等等。

● 调查方法及方案：在中心区范围内针对不同群体发放调查问卷调查。

● 问卷设计：详规实施的满意度、针对中心区的不同的社会利益相关者、最为突出的印象及问题以及被访者的社会经济属性。

● 调查时间：本次调查时间为 2015 年 3 月—2015 年 5 月。

● 数据分析：利用统计和计量模型对调查所获得的数据进行实证分析，从而了解不同阶层的社会大众对中心区详规实施的满意度。

（1）调查问卷总数，本次调查针对中心区居民、访客和上班族等三个群体各发放 400 份调查问卷，一共发出 1200 份调查问卷，回收 1200 份调查问卷，有效问卷 1200 份，问卷有效率 100%。

（2）调查问卷发放位置，首先将福田中心区分为 10 个小片区，依据每个小片区有针对性地安排发放调查问卷的数量。每份问卷都有编号，并标明地址，便于后期研究进行空间分析。三个群体调查问卷发放的片区范围详见图 7-40 所示，图中可见，针对中心区上班族的调查问卷主要集中在图中蓝色部分；针对中心区居民的调查问卷主要集中在图中红色部分；针对中心区访客的调查问卷几乎覆盖了所有片区。具体来看，调查问卷的主要分布如图 7-41 所示。

（3）调查问卷在不同片区发放的密度，这里讲的发放密度仅指发放数量的大小，紫色图斑越大说明发放数量越多。图 7-41 为三个群体调查问卷的发放密度。

二、居民对中心区详规实施后的满意度

总的来看，90% 以上的居民都表示小区出行或购物均很方便，小区设计美观且夜里照明情况很好。只有 80% 左右的居民表示小区附近有很多休

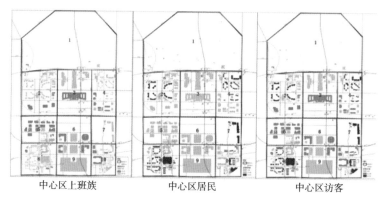

中心区上班族　　　　　　中心区居民　　　　　　中心区访客

图 7-40　福田中心区不同范围内调查问卷发放

注：上面三个图中，红色、蓝色位置均表示问卷发放范围。

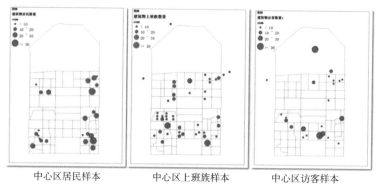

中心区居民样本　　　　中心区上班族样本　　　　中心区访客样本

图 7-41　调查问卷的样本分布

闲运动设施、设施维护情况很好。社区环境中较差的方面是社区的安全性和同质性。其中，仅有约 60%—70% 的居民认为社区内走路安全、环境安静、居民之间特征相近。相对最差的是社区内的空间性及社会交往密度。只有 50% 左右的居民认为社区内居民之间交流很多、可以让孩子放心地在小区内玩耍；而只有 20%—30% 的居民表示社区内很宽敞、车辆较少。这说明，福田中心区的社区设施基本完善，但是在空间性和社会氛围营造方面仍面临不足。未来中心区的规划尤其应该注重人车分流，增加公共空间，促进社区内居民间的相互信任和交流。统计结果如表 7-7 所示。

表 7-7 中心区居民对居住环境的主观评价

	变量	3分以上		均值	标准差
a	到市中心或大型购物中心很便捷	371	（91.2%）	4.22	0.80
b	附近很多服务设施（如图书馆、游泳池等）	332	（81.6%）	4.13	0.90
c	坐公车或地铁出行很方便	397	（97.5%）	4.55	0.61
d	区内感觉很拥挤、狭窄（反向赋分）	99	（24.3%）	2.61	1.11
e	区内及附近有很多绿地或公共休憩空间	331	（81.3%）	3.95	0.88
f	区内及附近夜里路灯的照明情况很好	361	（90.5%）	4.30	0.72
g	区内整体及建筑的设计很美观	359	（88.2%）	4.22	0.71
h	区内各项设施维护得很好	316	（77.6%）	3.96	0.79
i	区内很安静	224	（56.0%）	3.40	1.19
j	区内及附近街道上车辆很少	136	（33.4%）	2.83	1.15
k	区内走路很安全	293	（72.0%）	3.82	0.86
l	可以放心地让孩子在小区及附近户外活动	215	（52.8%）	3.43	1.15
m	小区内的居民与自己的经济地位相仿	245	（60.2%）	3.65	0.82
n	小区内居民的社会阶层与自己接近	259	（63.6%）	3.69	0.78
o	小区内居民之间的交流很多	197	（48.4%）	3.35	0.99

表 7-8 列出了福田中心区居民对其居住、出行和日常生活的总体满意度。可以发现，80%以上的居民对其在中心区的出行、居住和日常生活都很满意。只有个别的居民对当前的居住情况和日常生活表示不满意，没有居民对日常出行表示不满。这符合中心区可达性高的特征，也暗示未来的规划应该主要从社区以及居民日常生活使用的设施角度出发进一步完善现有的城市建设，而无须大规模扩建道路等交通设施。

表 7-8 福田中心区居民的规划满意度评价

变量	5分以上		3分以下		均值	标准差
居住满意度	351	（86.2%）	6	（1.5%）	6.77	0.80
出行满意度	352	（86.5%）	0	（0.0%）	6.84	0.66
生活满意度	315	（77.4%）	4	（1.0%）	6.54	0.82

三、上班族对中心区详规实施后的满意度

上班族对其工作环境的主观评价如表7-9所示。总的来看，90%的上班族都表示工作区的出行条件较好、街道美观整洁。80%左右的上班族表示工作区附近有很多绿地以及餐馆。对工作区环境中评价较差的是休闲设施——仅有约70%的上班族认为区内很安静、很多休闲设施。相对最差的是区内的空间性及停车条件。只有60%左右的上班族认为停车很方便；而只有20%—30%的居民表示社区内很宽敞。这说明，福田中心区的工作环境基本完善，但是在停车便利度和增加空间方面仍待完善。未来中心区的规划尤其应该注重停车设施建设，增加公共空间，促进区内上班族的通勤效率乃至工作效率。

表7-9　福田中心区上班族对工作区环境的主观评价

	变量	3分以上		均值	标准差
1	开车上下班很方便	298	（73.4%）	3.88	1.05
2	停车很方便	249	（61.3%）	3.60	1.18
3	坐公交车上下班很方便	361	（88.9%）	4.26	0.82
4	坐地铁上下班很方便	369	（90.9%）	4.42	0.77
5	感觉建筑很拥挤、街道狭窄（负向得分）	116	（28.6%）	2.63	1.28
6	街道很干净	375	（92.4%）	4.33	0.71
7	有很多绿地或公共休憩空间	332	（81.8%）	4.14	0.93
8	整体及建筑的设计很美观	375	（92.4%）	4.26	0.71
9	各项设施维护得很好	363	（89.4%）	4.20	0.70
10	区内很安静	271	（66.8%）	3.76	1.00
11	区内及附近街道上车辆很多	322	（79.3%）	4.13	0.89
12	区内走路很安全	336	（82.8%）	4.08	0.75
13	有很多休闲设施如酒吧、卡拉OK等	273	（67.2%）	3.75	1.14
14	有很多餐馆	327	（80.5%）	3.97	1.10

表7-10列出了福田中心区上班族对其工作地、通勤和日常生活的总体满意度。总体上，大多数中心区的上班族对其在中心区的工作、通勤和日常生活都很满意。只有个别的居民对当前的工作情况、通勤情况和日常生活表示不满意。上班族的生活满意度相对低于其工作和通勤满意度，说

明中心区的城市环境对上班族整体的生活满意度有正向影响。不过，上班族的满意度得分整体低于中心区居民，说明还是有一些限制上班族日常工作或通勤的因素。

表 7-10　福田中心区上班族的规划满意度

变量	5分以上		3分以下		均值	标准差
工作满意度	302	（74.4%）	1	（0.2%）	6.52	0.80
通勤满意度	335	（82.5%）	10	（2.5%）	6.62	0.83
生活满意度	230	（56.6%）	29	（7.1%）	6.05	1.11

四、访客对中心区详规实施后的满意度

中心区访客对深圳市的中心区基本上都有一定的了解（如图 7-42 所示），因此其观点也有一定的借鉴性。

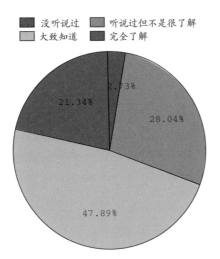

图 7-42　福田中心区访客对中心区的了解程度

总的来说，中心区访客对福田中心区的环境评价较好（如表 7-11 所示）。90%以上访客都表示中心区的街道干净、设计美观。与中心区的居民和上班族的评价不同，85%以上的访客认为中心区有很多绿地以及餐馆。访客对中心区环境中评价较差的是街道的拥挤感、噪声、厕所分布以及休闲设施。相对最差的是区内的空间性。只有30%的居民表示社区内很宽敞。

表7-11　福田中心区访客对中心区详规实施的主观评价

	变量	3分以上		均值	标准差
1	感觉建筑很拥挤、街道狭窄（负向得分）	131	（32.5%）	2.76	1.18
2	街道很干净	385	（96.5%）	4.44	0.64
3	有很多绿地或公共休憩空间	349	（86.6%）	4.20	0.79
4	整体及建筑的设计很美观	370	（91.8%）	4.32	0.65
5	各项设施维护得很好	322	（79.9%）	4.08	0.71
6	区内很安静	236	（58.6%）	3.67	1.04
7	区内及附近街道上车辆很多	356	（88.3%）	4.32	0.78
8	区内走路很安全	337	（83.6%）	4.11	0.74
9	区内上厕所很方便	224	（56.6%）	3.46	1.08
10	有很多休闲设施如酒吧，卡拉OK，KTV等	301	（74.7%）	4.00	0.98
11	有很多餐馆	344	（86.4%）	4.20	0.87

五、详规实施后社会满意度评估结果

此次调查研究，通过对福田中心区的居民、上班族和访客三类群体发放调查问卷，采集他们对中心区规划实施后的满意度情况，最终回收1200份调查问卷。基于对1200份调查问卷的结果统计分析发现，中心区居民的日常生活设施配套比较全面、便捷。几乎所有社区内都有相应的公交车站、地铁站和停车场，说明居民的日常出行设施比较充足。不过部分居民反映社区的诊所或公园数量较少，说明中心区的就医和绿化休闲环境还有待改善。调查结果显示，福田中心区的社区设施基本完善，但是在社区内车流控制、空间性和社会氛围营造方面仍面临不足，未来中心区的规划应该注重人车分流，增加公共空间，促进社区内居民间的相互信任和交流。福田中心区居民对中心区的总体印象是"商务金融中心""行政中心""交通枢纽中心"和"文化中心"。大多数居民都认为中心区没有什么突出的问题，但是也有部分居民反映中心区的环境和绿化不佳、生活服务设施不全、就医或子女上学不便、社会性基础设施不全。中心区居民对于城市的水电气等问题反映不多。80%以上的居民对其在中心区的出行、居住和日常生活都很满意。不同性别、不同年龄、不同家庭结构和不同收入的居民的幸福感差异也不大。回归结果显示，影响中心区居民幸福感的主要因素为社区社会环境、社区自然环境、治安问题、生活服务设施问题、绿化和卫生问题、就医和教育问题等。因此，未来规划的重点应该是社区的环境、治安问题、绿化问题、就医和教育问题以及生活服务设施问题，未来应该通过规划或市场手段引入更多相应的设施。

中心区上班族的日常生活设施配套也比较全面、便捷。上班族基本上都能方便地到达相应的公交车站、地铁站和停车场，说明居民的日常出行设施比较充足。虽然部分上班族反映社区的超市、诊所或公园数量较少，但是这些设施并非上班族常用的设施，因此问题不大。对上班族的主观评价的分析结果基本印证了上述判断。结果显示，上班族对中心区环境评价比较积极，只是对工作区环境中的休闲设施、空间性及停车条件的评价略低。这说明，福田中心区的工作环境基本完善，但是在休闲设施、停车便利度和空间营造方面仍待完善。福田中心区上班族对中心区的总体印象也是"商务金融中心""行政中心""交通枢纽中心"和"文化中心"。80%以上的上班族对其在中心区的通勤、工作和日常生活都很满意。不同性别、不同年龄、不同家庭结构和不同收入的上班族的幸福感差异也不大。回归结果显示，影响中心区上班族幸福感的主要因素为社区安全性、可达性和设施因子。因此，针对上班族的需求，未来规划的重点应该是增强社区的安全性和可达性，并增建更多的休闲和餐饮设施。

中心区访客对中心区也有比较深入的了解，因此对中心区的评价也有一定的代表性和可借鉴性。与中心区的居民和上班族的评价不同，绝大多数访客认为中心区有很多绿地和餐馆。访客对中心区环境中评价较差的是街道的拥挤感、噪声、厕所分布以及休闲设施。相对最差的是区内的空间性。这说明，福田中心区的环境基本完善，但是可能需要增加更多的休闲设施和公共厕所，至少要完善公共厕所的标识。同时，未来中心区的规划应该注意噪声防控，通过空间布局和防噪声装置营造宽敞、安静的环境。

综上，深圳市目前的规划已经将中心区打造成了"商务金融中心""行政中心"和"交通枢纽中心"。目前，中心区的可达性较高，社区周边的设施比较充裕。不过，未来应该在绿化及公园、医疗和教育、休闲和餐饮、公厕等设施的供给，噪声和治安问题的防控，停车以及空间营造方面进一步完善。

　　本章对福田中心区详规实施社会效应评估的内容及指标体系，以及评估方法展开了实证研究，初步形成以下结论。

　　1. 评估内容及指标体系，对中心区社会效应评估，本章从福田中心区详规实施后的人口总量和结构、就业规模和结构、城市基础设施的建成数量及运行情况、收入与支出水平等方面确定了评估内容及指标体系。

　　2. 本章提出采用比较分析法、空间数据挖掘法和调查及统计分析法等方法对福田中心区详规实施的社会效应进行评估。

　　3. 福田中心区详规实施后社会效应评估结果显示，中心区规划建设取得了良好的社会效应，主要体现在以下几方面：人口方面，中心区人口聚集程度比较高，人口年龄结构、教育结构、职业结构十分合理，体现了城市中央商务区的魅力；就业方面，中心区总就业人数处于平稳增长的态势；交通设施方面，中心区相比较于深圳其他地区，拥有最好的通勤条件和最广泛的可达范围；其他公共设施非常发达，包括大量的购物所、餐饮、教育、金融、医疗等设施；收入支出方面，中心区月平均工资水平、支出水平等均高于深圳市全市平均水平。

　　综上所述，评估结论，结合福田中心区规划文本设置的人口、就业、公共设施和基础设施等规划指标对比分析可以看出，当前福田中心区详规实施后除了居住人口与规划既定目标有一定差距之外，其他方面基本达到了预期的规划目标，实现了良好的社会效应。从福田中心区详规实施后社会效应评估工作过程发现，由于中心区在规划编制时设定了相关的规划指标，因而在后续的评估工作中更有利于研究人员应用数据进行前后对比，准确客观地判断出社会效应的优劣，识别出中心区详规实施中存在的不足，进而提出未来需要继续改进的内容。此外，未来城市详细规划编制，在现行设定的一些社会效应指标之外，还应该结合城市发展的基本规律，增加其他类型的社会效应指标，从而为未来城市详细详规实施过程和实施效应评估提供基本的判断标准。

表 7-12 福田中心区详规实施的社会效应评估表

评估内容		单位	2000	2008	2009	2010	2011	2012	2013	2014
月平均工资水平		元/人	1563	5537	5928	6777	7103	7448	8128	8100
居民人均可支配收入		元/人	34320	31740	35241	39316	44382	49467	54116	54092
居民人均总支出		元/人	33500	30401	33761	38333	43316	47982	52833	52800
就业	总就业岗位	人	10185	105033	109685	124402	133191	137334	161357	175100
	排名第一	人	—	批发零售 25783 个	租赁和商服 29352 个	批发零售 30538 个	批发零售 32695 个	租赁和商服 36751 个	租赁和商服 43180 个	租赁和商服 49028 个
	排名第二	人	—	租赁和商服 22153 个	批发零售 27038 个	租赁和商服 26238 个	租赁和商服 28092 个	批发零售 33853 个	批发零售 39775 个	批发零售 43775 个
	排名第三	人	—	房地产 10317 个	金融业 9882 个	房地产业 12220 个	房地产业 13083 个	房地产业 12374 个	金融业 14538 个	金融业 19260 个
社会消费品零售总额		亿元	—	139.57	159.23	187.44	216.84	260.4	292.99	319.89

表 7-13　福田中心区详规实施的社会效应评估表

评估内容	具体指标	评估结果
人口	人口规模	20719 人
	年龄结构	10～40 岁 16075 人，占比约 77.59%
	素质结构	大专及以上教育水平的人口 7523 人，占比 36.31%
	职业结构	商服、工业建筑业占比 32%
	动态密度	就业密度为 20875 人/平方公里，居住密度为 8541 人/平方公里
职住特征	职住特征	在中心区居住与就业的人数为 32414 人 22672 人为职住同地 平均直线通勤距离为 0.22km。
通勤特征	通勤特征	外来工作者主要来自福田区，占比为 52.66%，其次为南山区、罗湖区、龙岗区、龙华新区 福田中心区外出工作者主要在福田区工作，占比为 68.03%，其次为罗湖区、南山区
	通勤距离	外出工作者平均直线通勤距离为 5.44km， 外来工作者平均直线通勤距离为 6.49km。
	通勤比例	外人通勤比例 74.8%，外出通勤比例 38.4%
通信特征	通话数量	11：30、17：30 为一天中接打电话高峰期
交通状况	交通设施数量	公交站点 57 个，公交线路 130 条公交线路 轨道交通共有 5 条，分别是罗宝线、龙岗线、龙华线、蛇口线、广深港高铁线 1 条 地铁站 8 个，分别是少年宫站、市民中心站、会展中心站、购物公园站、岗厦站、福田站、莲花村站、莲花西站
	交通可达性	可达性高的地区主要沿着广深高速、梅关高速、北环大道、滨海大道等主干道呈干树枝状向西面、北面和东面展开，中心区到达福田、罗湖、南山、龙华等地区的道路可达性比较理想，而到大鹏、坪山等地区的可达性则较差

评估内容	具体指标	评估结果
交通状况	地铁人流量	中心区内部五大地铁站平均每日输送旅客约 205237 人次，其中进站旅客 101608 人次，出站旅客 103629 人次 日均客流量最大的站点是会展中心站，日均输送旅客达 72625 人次 日均输送客流量最小的站点是市民中心站，达 16695 人次
其他公共设施和基础设施		各类购物场所（包括各类超市、便利店等）406 处 营业许可的餐饮场所（包括饭店、连锁点、快餐店）774 处 宾馆 42 家 各类教育机构（包括学校、培训结构等）共有 77 家 金融机构（银行的分支行、自助服务站点）共有 723 家 各类医疗结构（医院、诊所、社区医院、药房等）37 家

第七章 福田中心区详规实施后社会效应评估

第八章　福田中心区规划实施后环境效应评估①

"近年来，评估领域的最新变革是将生态思想引入评估体系。这使得原本属于社会经济范畴的详规评估同时要面对诸如'可持续发展''生态多样性'以及'环保'等多种生态概念。对于这些不同概念，评估过程中有时候用'环境质量'这个指标来表示。"② 本章内容根据深圳市建筑科学研究院股份有限公司（以下简称深圳建科院）2014 年《福田中心区室外物理环境调查及示范片区物理环境改善规划研究》课题研究成果编制而成。该课题受深圳市规划和国土资源委员会的委托，从 2013 年 9 月开始，委托方负责人范苏敏和课题组成员张欢、刘刚、张炜、鄢涛、侯全等人经过多次讨论研究，于 2015 年 7 月完成课题。课题主要对福田中心区室外物理环境质量进行了专项调研评估，并在此基础上提出改善规划的技术实施方案。

深圳特区成立三十多年来，深圳城市化快速发展，人口高速增长，资源环境压力日益增大，在城市中心区表现尤为突出。作为深圳城市"客厅"的福田中心区，在快速规划建设的同时，也对中心区室外环境带来一些负面影响。如建筑密集度和车辆密集度逐渐增加，硬质铺装和混凝土路面等人工下垫面在广场和商业街等区域被大面积使用，高层建筑大面积使用玻璃幕墙等，这些因素都对中心区室外风环境、热环境、声环境和光环境等物理环境造成一定影响。

---

① 根据深圳市建筑科学研究院股份有限公司《福田中心区室外物理环境调查及示范片区物理环境改善规划研究》课题成果编制，课题组成员：张欢、刘刚、张炜、鄢涛、侯全。

② 赵蔚、赵民、汪军、郑翰献：《空间研究 11：城市重点地区空间发展的详规实施评估》，东南大学出版社，2013 年。

第一节　室外物理环境评估的内容及方法

一、室外物理环境定义

城市室外物理环境建设的目的是为人类创造宜居环境，包括人工环境和自然环境。城市物理环境是指城市自然环境和人工环境的结合体，环境的主体是城市中的人。例如，对一个建筑物而言，室内环境的主体是房间的使用者；室外环境的主体是建筑外围活动的人群。自觉地把人类与自然和谐共处的关系体现在人工环境与自然环境的有机结合上，充分体现环境资源的价值，这种价值一方面体现在其自身的存在价值上，另一方面体现在环境对社会经济发展的支撑和服务作用上。

二、室外物理环境评估内容

城市室外物理环境的评估内容主要包括：风环境、热环境、声环境、光环境等四类。

● 风环境是指城市区域内的风速和风向分布。随着城市化的推进，市区内大量的建筑、构筑物使城市形成一个立体化的下垫面层，其内部的风速与风向分布已完全不同于自然天气系统。

● 热环境是指城市区域（城市覆盖层内）空气的温度分布，目前对于城市热环境的研究主要针对城市的"热岛现象"。

● 声环境与城市区域的噪声分布几乎是同一个意思。噪声的来源主要包括交通噪声、工业噪声和生活噪声。

● 光环境是指城市区域内的光场分布，这里的光是指可见光，其波长为 0.35—0.70 微米。人们对光环境的需求与他从事的活动有密切的关系。

三、室外物理环境评估方法

福田中心区室外物理环境评估，主要采用了模拟分析和调研测试两类方法，同时对两种评价结果进行对比分析。

模拟分析：针对各类环境领域，利用现有的相关软件，进行重点分析与评估。如：热环境和风环境利用 Fluent 软件，光环境利用 Ecotect 软件，声环境利用 Cadna/A 软件等等；

调研测试：通过对福田中心区不同地点的室外现状环境的资料收集、问卷调查、现场调研、计算分析等几种手段，获取福田中心区不同物环境下的现状风、热、声、光等环境质量。

福田中心区物理环境评估的技术路线如图 8-1 所示。

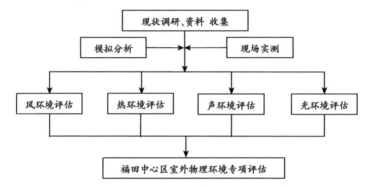

图 8-1　福田中心区物理环境评估技术路线

第二节　福田中心区室外风环境评估

一、室外风环境模拟

利用流体模拟软件 Fluent14.0 对福田中心区夏季和冬季室外风环境进行了模拟。

（一）模拟模型建立

为使模拟结果更加真实反映福田中心区的实际情况，将模拟区域适当放宽，并对较复杂的建筑围护结构进行适当简化，建立模型如图 8-2 所示。

（二）模拟边界条件确定

福田中心区风环境模拟边界条件采用深圳市气象局 2014 年的数据。目前，中心区附近有两个气象观测站，即福田区政府楼顶观测站和莲花山观测站，综合距离和遮挡因素，选择福田区政府楼顶观测站数据作为中心区

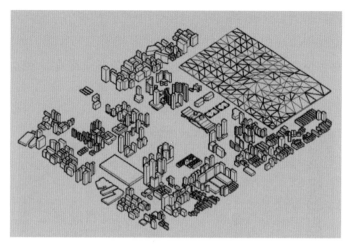

图 8-2 福田中心区风环境模拟模型图

风环境模拟的边界条件，如图 8-3 所示，可以看出福田中心区夏季主导风向为东风（E）风向。

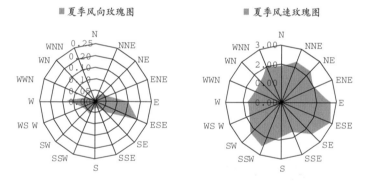

图 8-3 福田中心区夏季风速风向玫瑰分布图

（三）模拟结果分析

1. 夏季主导风下风环境分布

福田中心区夏季主导风向为东向偏南 15°（ESE），风速为 2.91 米/秒，次主导风向为东向（E），风速为 2.71 米/秒。人行高度 1.5 米处的风环境模拟分布云图如图 8-4 所示，可以看出，中心区风速整体分布在 0—2.5 米/秒，受道路宽度影响，深南大道整体区域风速在 1.5 米/秒以上，形成通风廊道，带动整个中心区通风；滨河大道和红荔路形成次通风廊道，对中心区通风也起到了一定的作用。

　　风在流过中心区过程中，受到建筑群沿程阻力的影响，风速逐渐减小，以中心区垂直中轴为分界线，处于下风向的黄埔雅苑住宅区和城中雅苑住宅区，风速明显减弱。

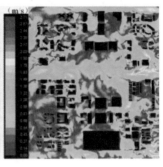

主导风：东向偏南15°　　　　　次主导风：东向

图 8-4　福田中心区主导风向下风速模拟分布图

　　依据《绿色建筑评价标准》（GB/T50378-2006）和深圳《绿色建筑评价规范》（SZJG 30-2009），在主导风向和次主导风向下，福田中心区室外满足风环境标准要求的区域如图 8-5 所示。同样可以看出，在主导风向及次主导风向下，深南大道、滨河大道等作为主要的通风廊道，其大部分区域可以满足标准，同时，入口风速向两侧扩散的部分区域也能满足要求；而对于下风向建筑密集区域，风速分布较小，不能满足通风标准要求。

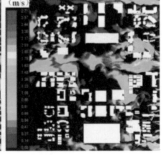

主导风：东向偏南15°　　　　　次主导风：东向

图 8-5　福田中心区主导风向下满足标准的风速分布图

2. 通风廊道对于风环境的影响

通风廊道在福田中心区通风中起到主要作用，为了量化其作用，将中心区以街道为基准按照 500 米大小区域单元，将中心区分成 12 个规则的小区域，模拟 16 个风向下的风环境分布情况，同时计算每个区域在每个风速、风向下的风力放大系数，最后依据加权的办法，得到每个区域的加权风力放大系数。

图 8-6　福田中心区风环境分区图

如表 8-1 表示 16 个风向下各区域的加权风力放大系数，通风廊道两侧建筑布局利于通风，如 11 区、6 区、3 区的区域风力放大系数最大；对于远离主要通风廊道，且建筑布局较密集时，风力放大系数最小，如 1 区。此表验证了通风廊道对中心区室外风环境起到重要作用。

表 8-1　12 个区域的 16 个风向下加权放大系数表

分区	风速比	分区	风速比
1 区	0.2251	7 区	0.2958
2 区	0.2706	8 区	0.2326
3 区	0.3145	9 区	0.2779
4 区	0.2459	10 区	0.2910
5 区	0.2612	11 区	0.3489
6 区	0.3438	12 区	0.2496

二、室外风环境测试

通过对福田中心区典型区域室外风环境的调研测试，了解风环境实际分布情况，并验证风环境模拟结果的准确性。

（一）测试地点选取

在福田中心区内选取商业、居住、广场及文化等 4 个功能类型街区，进行现场风环境测试，地点分别为 COCOPARK、中海华庭、市民广场、少年宫，如图 8-7 所示。

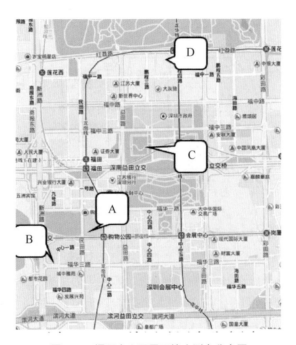

图 8-7　福田中心区风环境实测点分布图

（二）测试结果分析

通过在 2014 年 8 月 14 日与 8 月 15 日两天的现场实测，福田中心区室外风环境分布情况如下：

位置 A 街区：COCOPARK（商业）

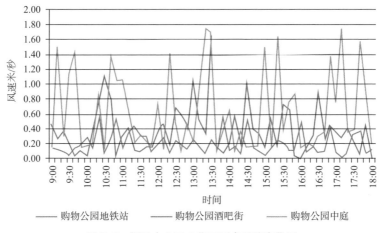

图 8-8　福田中心区 A 街区测点风速变化图

位置 B 街区：中海华庭小区（居住）

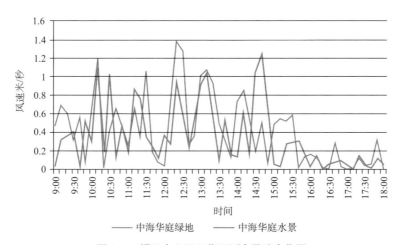

图 8-9　福田中心区 B 街区测点风速变化图

位置 C 街区：市民广场（广场）

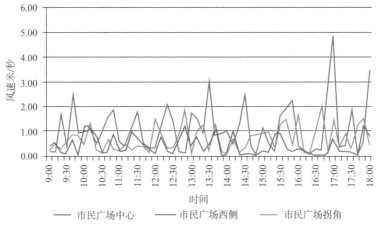

图 8-10　福田中心区 C 街区测点风速变化图

位置 D 街区：少年宫广场（文化）

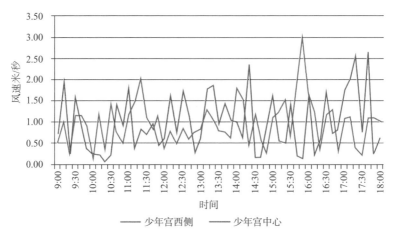

图 8-11　福田中心区 D 街区测点风速变化图

可以看出，深南大道北侧较为空旷的市民中心风速分布整体最大，市民广场中心的平均风速达到 1.09 米/秒；红荔路南测的少年宫广场风速分布其次，平均风速在 0.97 米/秒；其他两个建筑群内部的区域，风速分布较小。实测结果与风环境模拟情况基本符合，即靠近深南大道等通风廊道，而且较为空旷的区域，风环境分布较好，而对于远离通风廊道，而且建筑布局较密集区域，风环境分布较差。

三、风环境评估结果

从模拟分析和实测验证两个角度对福田中心区风环境进行了评估。中心区在主导风向下，风速分布在 0—2.5 米/秒，室外风环境整体较好。东西方向，深南大道整体区域风速在 1.5 米/秒以上，形成通风廊道，带动整个中心区通风。同时，滨河大道和红荔路形成次通风廊道，对中心区通风也起到了一定的作用。南北方向，中轴绿化带同样起到通风廊道的作用，改善了中心区中轴线公共活动区的风环境；对于远离通风廊道，而且建筑密集的中心区四角住宅区域，室外风环境较差。风在流过中心区的过程中，受到建筑群沿程阻力的影响，风速逐渐减小，以中心区垂直中轴为分界线，处于下风向的黄埔雅苑住宅区和城中雅苑住宅区，风速明显减弱。

第三节　福田中心区室外热环境评估

一、室外热环境模拟

利用 Fluent 软件和城市区域微气候与热平衡动态预测软件，对福田中心区室外热环境进行模拟，了解中心区室外温度分布及热岛强度分布情况。

（一）模拟模型的建立

热环境模拟采用风环境模拟图 8-2 所建立的模型，同时对中心区下垫面属性进行细化整合。中心区下垫面主要包括沥青道路、硬质铺装、草地绿化、灌木丛及树木绿化、人工水景、建筑外表面、在建工地砂砾碎石地面等几种类型，如图 8-12 所示。

（二）边界条件的确定

热环境模拟边界条件主要包括太阳辐射、室外风环境及下垫面等参数。在最热情况下，太阳能辐射取 843W/m²，风环境取主导风向（东向偏南 15°）风速 2.91 米/秒，下垫面参数设置如表 8-2 所示。

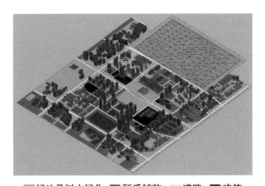

■绿地及树木绿化 ■硬质铺装 □道路 ■建筑

图 8-12 福田中心区热环境模拟模型图

表 8-2 下垫面参数设置表

下垫面类型	密度	比热	导热系数	对流换热系数	外部发射率	表面起始温度℃
道路	2500	920	1.74	19	0.60	33.85
硬质铺装	2400	920	2.04	19	0.60	33.85
透水地面	1700	1050	0.76	19	0.60	33.85
草地绿化	800	800	0.90	40	0.60	33.85
树木绿化	700	1200	0.71	45	0.90	33.85
人工水景	1000	4200	0.80	50	0.60	33.85
商业建筑	1800	1050	0.93	19	0.40	33.85
居住建筑	1800	1050	0.93	19	0.45	33.85
运动场	2800	920	3.49	19	0.60	33.85
砂砾碎石	1700	570	0.57	19	0.60	33.85

（三）模拟结果分析

对于福田中心区表面温度，如图 8-13 可以看出，下垫面表面温度整体分布在 34—60℃，最高的为沥青道路，温度高达 60℃；其次为中心区大部分建筑的混凝土屋面，温度分布在 55—60℃；对于市民广场、少年宫广场以及商业和写字楼集中的硬质铺装区域，温度分布在 52—55℃，也处于较高范围。

对于广场、道路周围及住宅小区内部的景观绿化，草地区域表面温度为 42.9℃，树木绿地区域表面温度为 38.5℃，相对较低，对中心区室外热环境起到一定的降温作用。

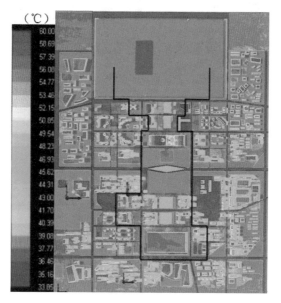

图 8-13　福田中心区下垫面表面温度模拟分布图

　　对于福田中心区室外空气温度，如图 8-14 可以看出，在人行高度处，道路区域空气温度分布较高，介于 41—46℃；其次为市民中心广场、少年宫广场及商业建筑集中的具有硬质铺装的区域，温度分布在41—44℃；对于广场、道路周围及住宅小区内部的景观绿化区域，草地区域在 37℃ 左右，树木较多的绿地区域在 36℃ 以下，温度分布相对较低。

　　从整体看，福田中心区树木、草地绿化等对室外热环境起到一定的降温作用；而沥青道路、混凝土地面、广场硬质铺装等对中心区室外热环境质量下降带来严重影响。

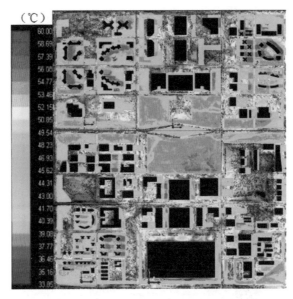

图 8-14　福田中心区人行高度温度模拟分布图

表 8-3　福田中心区风环境实测测点说明表

街区	街区编号	位置	测点	微环境	照片
COCO PARK	A	地铁购物公园C出口	1	街边硬质铺装	
		中心二路林荫道	2	道路旁绿化遮阴	
		Coco-park广场	3	休闲广场开敞玻璃幕墙硬质铺装	

街区	街区编号	位置	测点	微环境	照片
中海华庭	B	小区绿化景观区中	4	四周绿化草坪	
		游泳池旁	5	人工水景	
市民广场	C	市民广场	6	文化广场大面积开敞硬质铺装	
		广场西侧	7	低矮稀疏树木	
		广场拐角	8	高大乔木	

续表

街区	街区编号	位置	测点	微环境	照片
少年宫广场	D	少年宫公交候车	9	人工遮阴	
		广场水池	10	人工水景	

当前，福田中心区人员活动较频繁的区域主要为少年宫广场→市民中心广场→中心公园→中心城→COCOPARK→会展中心等这条主线上，如上图所示范围，满足人员活动的室外热环境区域如中心公园、中心城屋顶公园等区域，被一块块连成热桥的室外热环境较差的区域所阻断，无法形成一个室外热环境较好的整体区域或者环形通道，以供人们能够更连贯、更舒服地在中心区室外活动。

关于通过热岛强度，对比福田中心区与自然郊区的室外温度分布，可以得到福田中心区典型日 1.2 米高度的热岛强度如图 8-15 所示，通过城市区域微气候与热平衡动态预测软件对福田中心区夏季热岛强度模拟，在人行高度 1.5 米处，热岛强度在 1.14—3.14 摄氏度，平均值在 1.68 摄氏度，略高于福田区平均水平，但与我国其他较发达城市 CBD 相比，处于中偏低水平。

二、室外热环境测试

通过对福田中心区典型区域室外热环境的调研测试，了解热环境实际

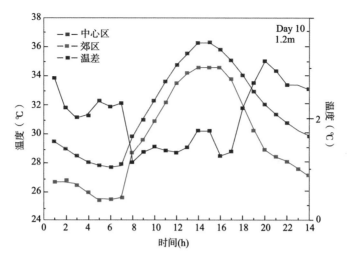

图 8-15　福田中心区人行高度温度与郊区对比图

分布情况，并验证风环境模拟结果的准确性。

（一）测试地点选取

与风环境测试方案相同，同样选取上述 COCOPARK（商业）、中海华庭（居住）、市民广场（广场）、少年宫（文化）4 个功能区进行测试，同时对每个功能区不同的微环境进行了细化测试，测试测点说明如表 8-3 所示。

（二）实测结果分析

街区编号 A：COCOPARK（商业）

街区编号 A 测点 1，微环境所处地面为硬质铺装地面，实测结果如图 8-16 所示。温度变化范围为：干球温度处于 33.40—40.75℃，平均值为 37.26℃；黑球温度处于 36.10—54.00℃，平均值为 43.70℃；WBGT 指数处于 29.70—37.00℃，平均值为 32.90℃；地面表面温度处于 38.94—50.00℃，平均值为 43.77℃。

街区编号 A 测点 2，微环境所处地面为硬质铺装地面，同时有树荫遮阳，实测结果如图 8-17 所示。温度变化范围为：干球温度处于 28.60—35.84℃，平均值为 33.39℃；黑球温度处于 30.00—40.10℃，平均值为 34.36℃；WBGT 指数处于 27.60—29.60℃，平均值为 28.36℃；地面表面温度处于 28.20—33.83℃，平均值为 31.07℃。

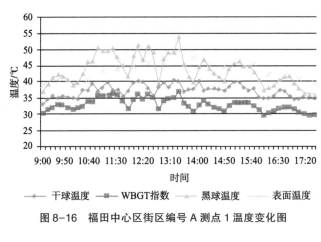

图 8-16　福田中心区街区编号 A 测点 1 温度变化图

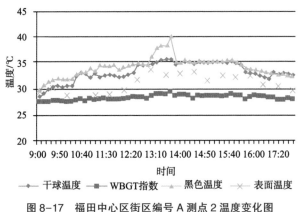

图 8-17　福田中心区街区编号 A 测点 2 温度变化图

街区编号 A 测点 3，微环境所处地面为硬质铺装地面，同时周围建筑多为玻璃幕墙，实测结果如图 8-18 所示。温度变化范围为：干球温度处于 33.14—42.28℃，平均值为 37.05℃；黑球温度处于 35.00—57.33℃，平均值为 43.84℃；WBGT 指数处于 28.30—33.30℃，平均值为 30.76℃；地面表面温度处于 37.60—50.07℃，平均值为 42.49℃。

通过对比购物公园街区三个测点的实测结果可以看出，同为硬质铺装地面的测点 1 地铁口处和测点 2 购物公园广场，室外环境相差不大，室外平均温度维持在 37.05—37.26℃，黑球平均温度维持在 43.70—43.84℃，硬质地面表面温度维持在 42.49—43.77；有树荫遮挡的测点 2 中心二路林荫道的干球温度要比测点 1 和 3 低 3.66—3.87℃，黑球温度低 9.7—

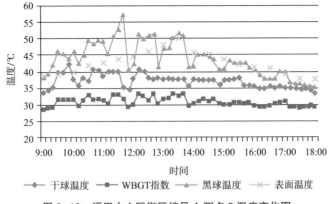

图 8-18 福田中心区街区编号 A 测点 3 温度变化图

9.84℃，地面表面温度要低 11.42—12.70℃。

可以说明，同样为硬质地面，有高大树木遮阳的区域，空气干球温度、黑球温度及地面表面温度会明显下降，室外热环境得到有效改善。

街区编号 B：中海华庭小区（居住）

街区编号 B 测点 4，微环境所处地面为草坪绿化，同时有低矮树木围绕，实测结果如图 8-19 所示。测点 4 各温度变化范围为：干球温度处于 28.15—40.30℃，平均值为 35.14℃；黑球温度处于 32.70—52.80℃，平均值为 40.98℃；WBGT 指数处于 28.2—37.8℃，平均值为 30.47℃；地面表面温度处于 37.60—50.07℃，平均值为 36.35℃。

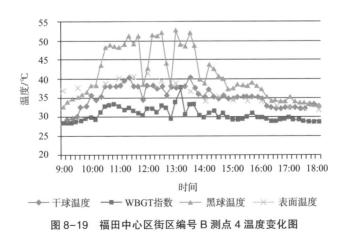

图 8-19 福田中心区街区编号 B 测点 4 温度变化图

街区编号 B 测点 5，微环境为四周景观水体围绕，实测结果如图 8-20、图 8-21 所示。温度变化范围为：干球温度处于 30.59—40.90℃，平均值为 35.37℃；黑球温度处于 32.80—52.80℃，平均值为 40.73℃；WBGT 指数处于 28.50—35.00℃，平均值为 30.21℃。表面温度包括地面、水面和树荫下三种，可以看出，地面表面温度处于 34.30—44.00℃，平均值为 39.09℃；水面表面温度处于 28.70—33.00℃，平均值为 31.63℃；树荫下地面表面温度处于 32.70—36.42℃，平均值为 34.72℃。

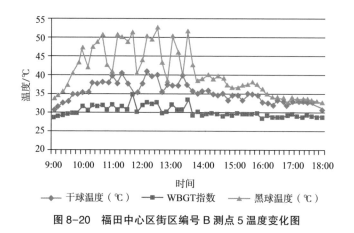

图 8-20　福田中心区街区编号 B 测点 5 温度变化图

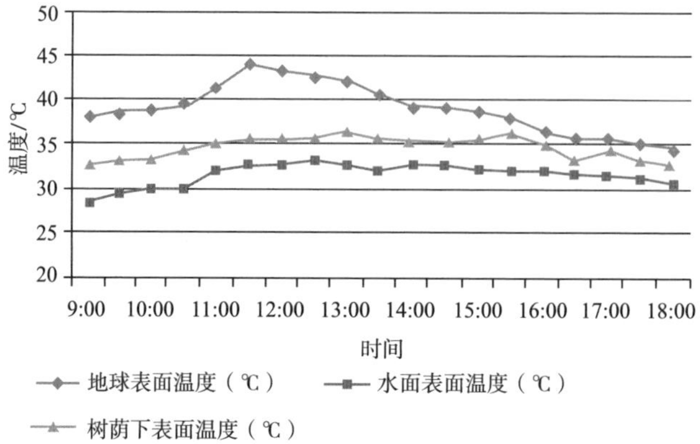

图 8-21　福田中心区街区编号 B 测点 5 地面温度变化图

通过对比中海华庭街区 2 个测点的实测结果可以看出，同一个街区内绿化草坪和人工水景两种下垫面上的室外热环境相差不大，干球温度平均值在 35.14—35.37℃，黑球温度在 40.73—40.98℃，绿化草坪表面温度为 36.35℃ 要比水表面温度高 4.72℃。

交叉对比两个区域测点。通过对比测点 4、2 及测点 1、3 可以看出，绿化草坪区域的干球温度、黑球温度和表面温度分别要比硬质地面铺装区域低 1.91—2.12℃、2.72—2.86℃ 和 6.14—7.42℃，但是比树荫下高出 1.75℃、6.98℃ 和 5.28℃；通过对比测点 5、2 及测点 1、3 可以看出，类似于测点 4 绿化草坪区域，人工水景处的干球温度和黑球温度分别要比硬质地面铺装区域低 1.68—1.89℃、2.97—3.11℃，比茂盛树荫下高出 1.98℃、6.73℃。不同的是，人工水景水面表面温度比硬质地面铺装表面温度要低 10.86—12.14℃，只比茂盛树荫下的地面表面温度高 0.56℃。造成这种现象的原因在于，水面表面蒸发散热的影响。

可以说明，福田中心区人工草坪和人工水景的室外温度要低于硬质地面铺装区域，在一定程度上可以缓解热环境影响；但是与高大树木遮阳区域相比，绿化草坪和人工水景对改善热环境的效果相对较弱。

街区编号 C：市民广场（广场）

街区编号 C 测点 6，微环境所处地面为硬质铺装地面，实测结果如图 8-22 所示。温度变化范围为：干球温度处于 30.07—37.96℃，平均值为 33.71℃；黑球温度处于 31.40—51.19℃，平均值为 40.49℃；WBGT 指数处于 27.20—33.80℃，平均值为 30.30℃；表面温度处于 36.07—47.10℃，平均值为 41.45℃。

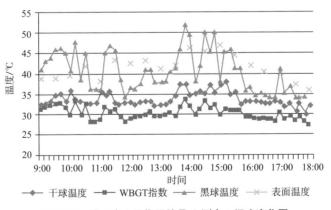

图 8-22　福田中心区街区编号 C 测点 6 温度变化图

街区编号 C 测点 7，微环境所处地面为人工草坪，同时有低矮稀松树木遮阳，实测结果如图 8-23 所示。温度变化范围为：干球温度处于 28.12—35.48℃，平均值为 31.70℃；黑球温度处于 30.30—45.90℃，平均值为 34.79℃；WBGT 指数处于 27.10—31.30℃，平均值为 28.63℃；表面温度处于 30.80—39.53℃，平均值为 34.40℃。

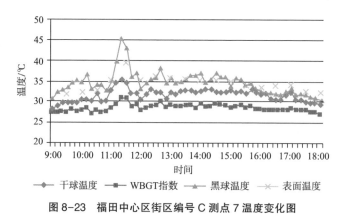

图 8-23　福田中心区街区编号 C 测点 7 温度变化图

街区编号 C 测点 8，微环境所处地面为人工草坪，同时有较茂盛的低矮乔木遮阳，实测结果如图 8-24 所示。温度变化范围为：干球温度处于 28.12—33.24℃，平均值为 30.96℃；黑球温度处于 30.30—38.90℃，平均值为 33.24℃；WBGT 指数处于 26.90—29.30℃，平均值为 28.00℃；表面温度处于 28.57—31.33℃，平均值为 30.12℃。

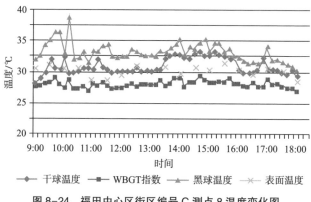

图 8-24　福田中心区街区编号 C 测点 8 温度变化图

通过对比市民广场街区三个测点的结果可以看出，有人工草坪地面的测点7和有人工草坪地面及低矮乔木遮阳的测点8的室外环境温度要明显小于硬质铺装地面的测点6。测点7的干球温度、黑球温度和地面表面温度分别比测点6低2.01℃、34.79℃和7.05℃；测点8比测点6低2.75℃、7.25℃和11.33℃；同时，测点8的三个室外环境温度分别要比测点7低0.74℃、1.55℃和4.28℃。

同样可以说明，人工草坪和低矮乔木遮阳对于改善中心区室外热环境方面，可以起到有效的作用。

街区编号D：少年宫广场（文化）

街区编号D测点9，微环境所处地面为硬质铺装地面，同时有公交候车棚遮阳，实测结果如图8-25。温度变化范围为：干球温度处于29.49—33.26℃，平均值为31.65℃；黑球温度处于30.90—36.90℃，平均值为34.12℃；WBGT指数处于27.10—29.80℃，平均值为28.50℃。

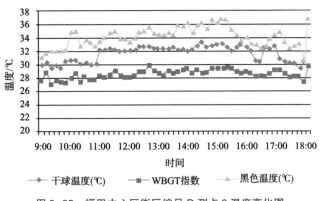

图8-25　福田中心区街区编号D测点9温度变化图

街区编号D测点10，微环境所处地面为硬质铺装地面，实测结果如图8-26所示。温度变化范围为：干球温度处于29.79—37.43℃，平均值为33.73℃；黑球温度处于31.00—50.20℃，平均值为39.93℃；WBGT指数处于27.10—33.10℃，平均值为29.85℃。

通过对比有人工遮阳的测点9和硬质铺装地面的测点10可以看出，测点9的室外干球温度和黑球温度分别要比测点10低2.08℃和5.81℃。可以说明，人工遮阳同样可以起到改善中心区局部区域室外热环境的作用，

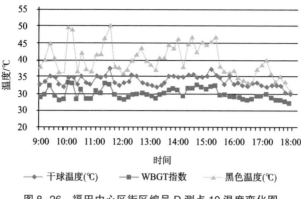

图 8-26　福田中心区街区编号 D 测点 10 温度变化图

但与高大树木遮阳相比，其缓解热环境的作用明显较弱。

　　通过热环境实测，整体可以看出：福田中心区夏季直接暴露于太阳下时，大部分区域室外环境温度相对较高，不利于人员活动；广场、商业区等硬质铺装对中心区室外热环境质量的下降影响最大；从改善中心区室外热环境的方法来看，高大树木遮阳方式最为有效，其次为人工草坪、人工水景等方式。对于遮阳方式，以浓密高大乔木的树荫遮阳方式效果最优，低矮灌木遮阳效果其次，人工遮阳效果最弱。

三、热环境评估结果

　　从模拟分析和实测验证两个角度对中心区热环境进行了评估。通过研究看出，在最热天气下，中心区下垫面表面温度整体分布在 34—60℃，1.5 米高度空气温度分布在 41—46℃。其中，多为硬质铺装的市民广场、少年宫广场、COCOPARK 商业区等区域，温度较高，热环境较差；对于多为高大树木遮荫和绿化的区域，如市民广场两侧绿化区域和莲花山公园，地面温度和空气温度相对较低，可以有效地缓解中心区热环境。最不利天气条件下，中心区 1.5 米高度热岛强度白天最高为 2.83℃，全天平均分布在 1.14—3.14℃，平均值为 1.68℃，热岛强度略高于福田区平均水平。但与我国其他较发达城市 CBD 相比，福田中心区热岛强度处于中偏低水平，总体情况良好。

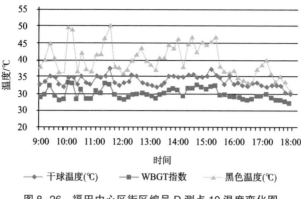

第四节　福田中心区室外声环境评估

一、室外声环境测试

福田中心区主要噪声源为交通噪声。通过对中心区道路噪声的现场测试，了解噪声源分布情况，并为噪声环境的模拟提供边界条件，从而得到中心区整个区域的声环境分布。

（一）测试地点选取

噪声实测点的选择应覆盖全面、分布均匀，尽量选择在道路交叉口和车流量密度大、车辆活动较为密集的区域进行选取。测点布置如图8-27所示。

图8-27　福田中心区中心区噪声测点布置图

（二）实测结果分析

通过在2014年7月11日08：00—09：30、11：30—13：30、17：00—19：00三个时间段的测试，福田中心区道路噪声源实际情况如表8-4所示。

表 8-4　福田中心区噪声实测结果

测点	08：00—09：30	11：30—13：00	17：00—19：00
	噪声 平均值（dB）	噪声 平均值	噪声 平均值
A	72.8	71.9	72.0
B	71.2	72.5	73.3
C	72.1	71.6	72.3
D	74.9	74.2	75.1
E	74.0	73.6	73.8
F	74.2	73.4	73.8
G	70.8	70.0	70.3
H	76.1	75.8	77.2

可以看出，在三个道路车辆高峰期阶段，噪声值相差较小。主要干道噪声值普遍较大，分布在 70.0—77.2dB，滨河大道噪声值最大，维持在 75.8—77.2dB，金田路噪声值相对较小，维持在 70.0—70.8dB。道路间噪声大小不同主要取决于道路规划宽度不同引起的道路车流量不同。一般规律是，道路宽的车流量大，从而噪声较大，反之亦然。

二、室外声环境模拟

在白天和夜间两种情况下，利用 Cadna 噪声分析软件对福田中心区声环境进行模拟，并对居住、行政办公、商业办公、文化教育、商业等功能区分别进行评估。

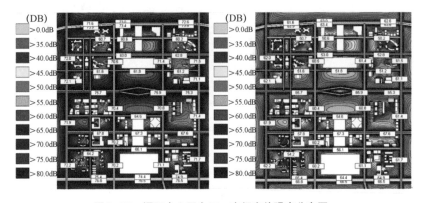

图 8-28　福田中心区白天、夜间室外噪声分布图

白天，福田中心区整体噪声分布在 55—80dB，主要干道两侧 5 米距离区域噪声值分布在 70—76dB；距离道路比较近的区域，由于没有建筑物的遮挡，噪声最大，例如市民广场区域噪声分布在 65—80dB，少年宫广场噪声分布在 65—75db，而对于远离道路并且处于建筑群中间的部分区域，由于建筑的遮挡，噪声相对较小，例如中海华庭小区和黄埔雅苑翠悠园小区中心区域噪声分布在 45—55dB；对于建筑群的外围噪声值，要明显高出建筑群内部区域 15dB 左右。

夜间，福田中心区整体噪声分布在 40—65dB，主要干道两侧 5 米距离区域噪声值分布在 60—65dB；类似于白天噪声分布，对于距离道路近且没有建筑物遮挡的区域，噪声分布在 55—65dB；对于远离道路且处于建筑群内部的区域，噪声分布在 40—45dB。

对于居住、行政办公、商业办公、文化教育等区域，标准要求噪声限值为白天 55dB，夜间 45dB。可以看出，对于建筑群内部区域基本满足标准，而对于靠近道路的外围区域，噪声较大，不能满足标准。对于商业区，标准要求噪声限值为白天 60dB，夜间 55dB。同样看出：建筑群内部区域基本满足标准，而对于靠近道路的外围区域，噪声较大，不能满足标准。因此，对于中心区特别靠近道路的建筑群外围区域，声环境应适当改善。

三、声环境评估结果

通过对福田中心区道路噪声源的现场实测和模拟分析，中心区声环境白天分布在 55—80dB，夜间分布在 40—65dB，整体分布较好。对于远离道路噪声源，且处于建筑群内部的区域，例如住宅小区内部，噪声分布明显较小；而对于距离道路较近，且没有建筑物遮挡的市民广场、少年宫广场等区域，由于靠近道路噪声源，声环境明显较差，需适当改善。

第五节　福田中心区室外光环境评估

福田中心区的建筑大量采用玻璃幕墙、光亮的硬质铺装、夜景灯光、商业广告灯等，极易造成白亮污染和眩光污染，对中心区工作活动和生活的人群带来不便。目前 CIE 标准中制定了以亮度为指标的不舒适眩光的评价标准，如表 8-5 所示。

表 8-5　不舒适眩光评价等级

眩光感觉程度	无感觉	有轻微感觉	可接受	不舒适	能忍受
目标亮度（cd/m^2）	2000	4000	6000	7000	8000

一、室外光环境测试

2014 年 8 月 18 日对福田中心区进行了现场走访和室外光环境测试，并对现场光污染较强烈的区域进行实测和记录，了解中心区光环境情况。实测结果如表 8-6 所示。

表 8-6　福田中心区光环境实测结果分析表

序号	内容	示例	是否合格
	白天		
1	玻璃幕墙的亮度分布在 8000—12000cd/m^2，局部反光点高达 1.4×10^4cd/m^2。		否
2	光滑硬质铺装、石材墙面等，亮度在 8500—12000cd/m^2。		否
3	绿化草地亮度分布在 700—1000cd/m^2；高大树木遮阳区域亮度在 240cd/m^2。		是

序号	内容	示例	是否合格
		夜间	
1	大部分商场装饰灯亮度分布在 30—180cd/m² 范围内。		是
2	大型 LED 广告牌，在画面切换的过程中，亮度在 50—1200cd/m² 范围内变化，造成眩光污染。		否
3	市民广场的探照灯，亮度高达 8000cd/m² 以上，造成强光污染。		否

二、室外光环境模拟

利用 Ecotect 软件对福田中心区 6 至 10 月份的太阳辐射情况进行模拟，有利于分析中心区光环境情况。

模拟可以看出，6—10 月份，福田中心区太阳日辐射值分布在 400—5430Wh/m²，相对较高。对于中心区大量采用玻璃幕墙的建筑群内部，由于夏季太阳辐射较高，极易造成白亮污染，对中心区活动的人群造成影响。

三、光环境评估结果

通过现场走访观测和模拟分析，福田中心区夏季太阳辐射高达 5430Wh/m²，白天中心区建筑玻璃幕墙反光亮度高达 8000—12000cd/m²，

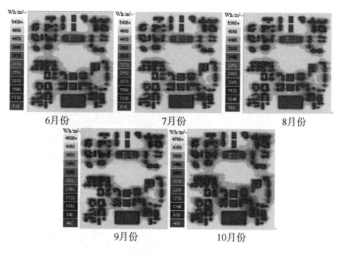

6月份　　　　　7月份　　　　　8月份

9月份　　　　　10月份

图8-29　福田中心区地面6—10月份日均辐射图

市民广场、少年宫广场和商业街等光滑硬质铺装反光亮度高达8500—12000cd/m²，易造成白亮污染。夜间大型LED广告牌，在画面切换的过程中，亮度在50—1200cd/m²范围内变化，易造成眩光污染。因此，对于中心区光环境应采取有效措施加以控制，以免对人造成危害。

　　本章通过模拟分析和调研测试的方法，对福田中心区室外风环境、热环境、声环境和光环境等四种物理环境进行了全面的评估，为以后改进中心区室外环境设计的具体工作提供了技术依据。福田中心区整体物理环境良好，为中心区室外活动人员提供了有效的工作、居住、娱乐及休闲的空间。同时，也发现了相应的问题对中心区局部环境造成了一定影响。后期可基于此次环境评估结果做出改善规划的技术措施，使福田中心区环境品质和质量得到进一步提升。

参考文献

［1］赵蔚、赵民、汪军、郑翰献：《空间研究11：城市重点地区空间发展的规划实施评估》，东南大学出版社2013年版。

［2］宋彦、陈燕萍：《城市规划评估指引》，中国建筑工业出版社，2012年版。

［3］陈一新：《规划探索——深圳市中心区城市规划实施历程（1980—2010年）》，海天出版社，2015年版。

［4］陈一新：《深圳福田中心区（CBD）城市规划建设三十年历史研究（1980—2010）》，东南大学出版社，2015年版。

［5］耿继进等：《城市房地产整体估价——以深圳市为例》，中国金融出版社，2012年版。

［6］张宇星：《城镇生态空间理论——城市与城镇群空间发展规律研究》，中国建筑工业出版社，1999年版。

［7］陈一新：《深圳中心区中轴线公共空间的规划与实施》，城市规划学刊，2011年版。

［8］陈一新：《探究深圳中心区办公街坊城市设计首次实施的关键点》，《城市发展研究》，2010年版。

［9］陈一新：《探讨深圳中心区规划建设的经验教训》，《现代城市研究》，2011年版。

［10］陈一新：《中央商务区（CBD）城市规划设计与实践》，中国建筑工业出版社，2003年版。

［11］张宇星：《城市规划管理体系的建构与改革：以深圳市规划管理体系为例》，《城市规划》1998第5期。

［12］张宇星：《城镇生态空间理论初探》，《城市规划》，1995年版。

　　［13］张庭伟：《20 世纪规划理论指导下的 21 世纪城市建设——关于"第三代规划理论"的讨论》，《城市规划学刊》，2011 年第 3 期。

　　［14］［英］阿尔弗雷德·马歇尔：《经济学原理》，彭逸林等译，人民日报出版社，2009 年版。

　　［15］陈卫杰、濮卫民：《控制性详细详规实施评价方法探讨——以上海市浦东新区金桥集镇为例》，《规划师》，2008 年第 3 期。

　　［16］顾朝林、甄峰、张京祥：《集聚与扩散——城市空间结构新论》，东南大学出版社，1999 年版。

　　［17］路易斯·霍普金斯著：《都市发展—制定计划的逻辑》，赖世刚译，商务印书馆，2009 年版。

　　［18］桑劲：《控制性详细规划实施结果评价框架探索——以上海市某社区控制性详细规划实施评价为例》，《城市规划学刊》，2013 年第 4 期。

　　［19］孙施文、陈宏军：《城市总体规划实施政策概要》，《城市规划汇刊》，2001 年。

　　［20］孙施文、王富海：《城市公共政策与城市规划政策概论——城市总体规划实施政策研究》，《城市规划汇刊》，2000 年第 6 期。

　　［21］孙施文：《现代城市规划理论》，中国建筑工业出版社，2013 年版。

　　［22］徐玮：《理性评价、科学编制，提高规划的针对性和前瞻性——上海控制性详细规划实施评价方法研究》，《上海城市规划》2011 年第 6 期。

　　［23］姚士谋、朱英明、陈振光等：《中国城市群》，中国科学技术大学出版社，2001 年版。

　　［24］Alexander E R.， "Faludi A. Planning and Plan Implementation：Notes on Evaluation Criteria"，*Environment and Planning B：Planning and Design*，1989，16（2）。

　　［25］Alexander E R. "If Planning isn't Everything, Maybe it's Something"，*Town Planning Review*，1981，52（2）。

　　［26］Brundtland G, Khalid M, Agnelli S, et al. Our Common Future（\ 'Brundtland report \ '）［J］. 1987.

［27］ Carmona M, Sieh L. , *Measuring Quality in Planning*: *Managing the Performance Process*, Routledge, 2004.

［28］ Carmona M, Sieh L. , "Performance Measurement in Planning—towards a Holistic View", *Environment and Planning C*: *Government and Policy*, 2008, 26（2）.

［29］ China City Planning Review – Shenzhcn Experiment ［G］. Special Issue of Shenzhen, Mar. 1987.

［30］ Chiu C-P, S-K Lai. A Comparison of Regimes of Policies: Lessons from the Two-person Iterated Prisoner's Dilemma Game ［J］. Environment and Planning B: Planning and Design, 2008（35）.

［31］ Faludi A. A Decision-centred View of Environmental Planning ［M］. Oxford: Pergamon Press, 1987.

［32］ Gleeson B, Randolph B. Social Disadvantage and Planning in the Sydney Context ［J］. Urban Policy and Research, 2002, 20（1）.

［33］ Guba E G, Lincoln Y S. Fourth Generation Evaluation ［M］. Sage, 1989.

［34］ Hill M. A Goals-achievement Matrix for Evaluating Alternative Plans ［J］. Journal of the American Institute of Planners, 1968, 34（1）.

［35］ Houghton M. Performance Indicators in Town Planning: Much Ado about Nothing? 1997.

［36］ Lai S-K, H-C Guo, H-Y Han. Effectiveness of Plans in Cities: An Axiomatic Treatise, Paper Submitted to Environment and Planning B: Planning and Design for Possible Publication ［Z］. 2009.

［37］ Lai, S – K. Effects of Planning on the Garbage – can Decision Processes: A Reformulation and Extension ［J］. Environment and Planning B: Planning and Design, 2003,（30）.

［38］ Lai, S-K. From Organized Anarchy to Controlled Structure: Effects of Planning on the Garbage can Processes ［J］. Environment and Planning B: Planning and Design, 1998（25）.

［39］ Levin H M, McEwan P J. Cost – effectiveness Analysis as an

Evaluation Tool ［M］//International handbook of educational evaluation. Springer Netherlands, 2003.

［40］Lewis, Judith A.; Michael D. Lewis, Judy A. Daniels, Michael J. D'Andrea. Community Counseling: Empowerment Strategies for a Diverse Society. Brooks/Cole-Thomson Learning]. 2003. ISBN 0-534-50626-7.

［41］Lichfield N. Economics of Planned Development ［M］. London: Estates gazette, 1956.

［42］Lichfield N. Evaluation Methodology of Urban and Regional Plans: A Review ［J］. Regional Studies, 1970, 4 (2).

［43］Mastop H, Faludi A. Evaluation of Strategic Plans: The Performance principle ［J］. Environment and Planning B: Planning and Design, 1997, 24 (6).

［44］Meadows D H, Meadows D L, Randers J, et al. The limits to growth ［J］. New York, 1972, 102.

［45］Michael Haslam. The Planning and Construction of London Docklands ［C］. 见: 邱水平主编 ［C］. 中外 CBD 发展论坛, 九州出版社 2003 年版。

［46］Morrison N, Pearce B. Developing Indicators for Evaluating the Effectiveness of the UK Land Use Planning System ［J］. Town Planning Review, 2000, 71 (2).

［47］Nachmias D. Public Policy Evaluation: Approaches and Methods ［M］. St. Martin's Press, 1979.

［48］Oliveira, Vitor, Pinho, Paulo. Measuring Success in Planning: Developing and Testing a Methodology for Planning Evaluation ［J］. The Town Planning Review . 2010 (3).

［49］Pal L A. Public Policy Analysis: An Introduction ［M］. Nelson Canada, 1992.

［50］Pearman A D. Unvertainty in Planning: Characterisation, Evaluation, and Feedback. Environment and Planning B: Planning and Design, 1985, 12 (3).

[51] Sabatier P A. Top – down and Bottom – up Approaches to Implementation Research: A Critical Analysis and Suggested Synthesis. Journal of Public Policy, 1986, 6 (1).

[52] Talen E. After the Plans: Methods to Evaluate the Implementation Success of Plans [J]. Journal of Planning Education and Research, 1996, 16 (2).

[53] Talen E. Visualizing Fairness: Equity Maps for Planners [J]. Journal of the American Planning Association, 1998, 64 (1).

[54] Wildavsky A. If Planning is Everything, Maybe it's Nothing [J]. Policy sciences, 1973, 4 (2).

参考文献

后　记

深圳福田中心区规划评估课题从构思到本书稿完成，经历三年时间"打磨"，犹如一场马拉松赛跑。这次规划评估工作过程，真是远见卓识、规划理想、资料数据、技术功底和耐心意志力的高度融合，缺一不可。我们三位作者从各自经历和专业角度跨界融合，经过无数次研究讨论和斟酌修改合作完成了本书稿，深感欣慰。我们衷心感谢给予本课题大力支持与合作的所有志士同仁。

一、书稿形成过程及内容构成

福田中心区规划评估的构思始于 2012 年年底，2013 年计划立项、讨论研究思路框架。2014 年课题调研、收集资料数据、多个专业同时展开研究，寻找评估方法，探讨评估内容，逐步确定评估指标。2015 年进行深入研究分析，不断提出新要求和新内容，补充调查新数据。经多次研讨，并听取专家和各方意见，顺利完成了课题成果《深圳市中心区规划实施综合效应评估研究报告》，2015 年底召开专家评审会并结题。2016 年初，经征询参加研究人员的意见，同意由陈一新、刘颖、秦俊武三位作者合作著书，我们对上述研究成果进行了大量的论证和修改调整后，形成本书稿。此后，我们又征得深圳市建筑科学研究院的同意，将该院 2015 年完成的《福田中心区室外物理环境调查及示范片区物理环境改善规划研究》课题成果中的"福田中心区室外物理环境专项调研报告"，经适当提炼修改后成为本书第八章内容。希望这次跨界融合的评估能使本书成为一个较完整的详规评估实例。

规划评估通常分为实施前、实施中、实施后等三种。本书在进行规划评估资料查询和国内外规划评估理论及研究现状分析的基础上，将福田中心区（CBD）规划评估内容主要分三方面：（实施前）规划成果评估、（实施中）规划实施过程评估、（实施后）经济、社会、环境综合效应评估。本书研究人员跨界融合了城市规划学、社会学、城市经济学、建筑学、地理学、环境学、统计学等学科，在全面掌握福田中心区规划建设三十年历史资料的基础上，采用了传统统计数据和互联网大数据相结合的数据收集方法，并应用公众参与、社会满意度调查等不同视角评估中心区规划建设现状，完成了福田中心区首次规划评估成果。

二、本次规划评估必须回答的几个问题①

1. 规划是否被有效地执行了？并且多大程度上按照规划执行的？

福田中心区规划的整体构架已经被有效地执行了，除了中轴线"脊梁"和连接 CBD 商务办公的二层步行系统未能全部实施以外，中心区规划内容的 80% 都被有效实施了。所以，福田中心区是一个按照规划蓝图实施建设的典型实例。

2. 成本是什么？由谁支付成本？是否属于规划内的成本？

福田中心区规划建设成本包含两部分：一是政府财政支付的市政设施和公共项目（前期准备费、规划编制费、市政道路工程及公共配套项目等）的研究、规划、建设费用；二是由企业或市场投资的经营性项目（商业、商务办公、商品住宅等）建设费。这两部分成本都属于规划内的成本。

3. 成果有哪些？并且谁受益于这些成果？

福田中心区规划实施成果主要体现在真正建成了深圳特区的金融主中心、商务中心、行政文化中心和交通枢纽中心。深圳的市民、企业、政府、社团、游客等都受益于这些成果。

4. 哪些因素促进或者阻碍了规划目标的实现？这些因素可能是社会、经济、政治或者其他哪些方面？

规划实施的遗憾：十几年前，由于城市管理者和专家学者对中轴线的

① 参见赵蔚、赵民、汪军、郑翰献：《空间研究 11：城市重点地区空间发展的规划实施评估》，东南大学出版社，2013 年。

商业建筑规模意见不一致，使中轴线失去了"一气呵成"的建设良机，导致中轴线各地块分散建设，至今未连成完整的人车分流的步行体系。

促进或阻碍规划目标实现的两方面：一是邻近香港的地利优势、位于深南大道公交走廊以及深圳三十年经济快速发展等优势条件都促进了福田中心区规划目标的实现。二是福田中心区管理机构——"深圳市中心区开发建设办公室"的临时性，以及管理机制的较频繁改变等因素都对中心区规划实施造成负面影响。

三、本次评估对规划编制及规划实施的反馈意见

虽然通过本次规划评估，我们可以得出一个基本结论：福田中心区规划被有效地实施了，规划目标的实施程度较高。具体表现在：规划成果编制得较好，规划实施程度较高，实施后呈现出良好的社会、经济、环境等综合效应。但本次规划评估中也发现了一些原规划编制和管理中的缺憾，可初步形成对规划实施的反馈意见如下：

1. 福田中心区规划编制成果未设定经济发展目标和物理环境质量衡量目标，故本次评估结果无法与原定目标进行比对和衡量。说明福田中心区规划以道路交通规划、土地利用规划、公共空间规划、城市设计等物质形态规划为主导，缺乏社会、经济、环境规划的规划目标及相关指标。

2. 福田中心区规划编制虽有就业岗位、居住人口目标，但缺乏具体落实措施，规划实施后的结果与目标差距较大。例如，中心区现有居住人口2万多人，远远没有实现原规划的7.7万人口，原因在于住宅设计的大户型，导致居住人口过低，不利于职住平衡，也不利于中心区晚间和节假日公众人流的活动。此外，中心区现有就业岗位18万，远远没有实现原规划的26万就业岗位的目标。

3. 未来福田中心区还能做什么？福田中心区至今仅仅实现了规划的基本构架和功能定位，未来尚需补充完善空间规划设计，营造中心区文化活动的环境氛围，打造24小时活力区。首先在物质空间层面，希望中心区二层步行平台（天桥）能够完整地连接起来，为市民和游客营造良好的步行环境，实现中心区交通规划"人车分流"的愿景，这也是规划工作者多年的夙愿。其次，在精神层面，政府或社团应组织更多的公共文化活动，使

中心区成为城市活力区，使中心区规划建设继续发展完善，以金融贸易为主的产业发展更加兴旺，中心区的人文环境和城市历史还将继续书写。

四、规划评估未来的努力方向

本书在国内率先开展全面系统的详规评估研究工作，初步构建了详规评估框架和技术体系，这仅仅是探索及开端，建立详规评估的制度化管理和规范化技术是一项长期的具有实用价值的研究工作。未来详规评估工作的推进可从以下几方面深入展开：

1. 提高理论研究水平，保证成果的先进性和实用性，形成针对详规评估的较完整的理论体系。

2. 推进详规评估管理制度化工作，在法律制度层面，建立详规评估的法律依据和规范化管理机制。

3. 实行详规评估的技术标准化工作，建立详规评估的数据库、方法库、模型库和知识库，规范评估内容和技术体系。

五、感悟和希望

这是对深圳福田中心区首次进行的规划评估，它将作为深圳详规评估的一个起点，为后人提供参考平台。在此过程中我们经历了探索、困惑、坚守和持续的过程，终于完成书稿，即将付梓出版。希望本书的出版能够为全国规划建设管理行业做出积极的贡献，能够推动规划管理的改革进步，能够提升规划建设水平，为中国新型城镇化建设作出应有的贡献。

我们期待一个规划评估制度化时代的到来，使我国新型城镇化的规划建设发展朝着更科学理性、可持续发展、更多公众参与的方向进步。此刻，我们再次亲身感悟到了《道德经》的名言"天下难事必作于易，天下大事必作于细"，以此共勉。

陈一新、刘颖、秦俊武

2016 年 9 月 26 日

致　谢

本书研究工作是一个系统而庞大的工程。从最早研究概念的萌芽到研究工作的逐步推进，再到将研究成果汇集为书，每一步进展都离不开各位支持者的辛勤付出。正是在诸多同仁的大力支持下，本书研究才真正实现多学科理论知识和技术方法的应用，实现城市详规评估中不同专业领域的跨界合作。在此特别鸣谢。

感谢深圳市房地产评估发展中心前主任耿继进先生对本书研究工作的大力支持，以及在对本书研究方向、基本框架、研究创新等方面给予的指导建议。同时感谢夏雷主任和唐琳副主任对本书的大力支持。

感谢深圳市规划和国土资源委员会城市设计处张宇星处长（现任深圳市罗湖区政协副主席），他始终支持该课题研究，并多次给予我们开创性思路启发，提出了许多独创性意见，为提升研究成果的质量作出重要贡献。

感谢深圳市建筑科学研究院叶青院长的支持，感谢《福田中心区室外物理环境调查及示范片区物理环境改善规划研究》课题组侯全博士、刘刚、张欢、张炜、鄢涛等研究人员，本书第8章"福田中心区详规实施后环境效应评估"的内容是在该课题成果基础上，进一步更新数据，提炼修改而成。

感谢深圳市房地产评估发展中心估价师孙洁和宁智，参与了本书文献资料的搜集和部分章节的撰写工作，其中孙洁主要参与了第一章、第四章初稿的撰写，宁智主要参与了第二章、第五章初稿的撰写。

感谢宁波市规划局袁朝晖总规划师，在该项目成果专家评审会上给予十分宝贵意见，并提供了详规评估开创性的工作成果《宁波市东部新城核心区2005—2009年详规实施评估报告》，我们经过摘录部分作为本书第二章的部分内容。

感谢深圳市规划国土发展研究中心佟庆规划师从 2011 年起开始承接福田中心区法定图则（第三版）的修订编制工作，整个过程尽心尽力，热心为本课题研究提供了基础资料和有益帮助。

感谢香港浸会大学王冬根教授，为本书中"中心区规划实施满意度调查研究设计及调查结果分析"提供了诸多良好的建议。

感谢中国科学院深圳先进技术研究院尹凌副研究员，在双方合作研究过程中，完成了福田中心区基于移动轨迹数据的人口动态分布、OD 分析等方面的研究工作，该研究成果已纳入本书第七章。

感谢华南农业大学地理信息系刘轶伦博士和深圳市房地产评估发展中心于海璁博士，协助完成了福田中心区数据收集整理、GIS 制图、交通通达性分析等方面的研究工作，相关研究成果已纳入本书第六章、第七章。

感谢福田区统计局综合科孙星光科长以及汇智统计师事务所孙良柱博士对本书相关研究数据搜集及整理工作的支持。

感谢孟建民院士（深圳市建筑设计研究总院有限公司）、陈燕萍教授（深圳大学建筑与城市规划学院）、谭刚副校长（深圳市委党校）、王冬根教授（香港浸会大学）、王家远教授（深圳大学）、袁朝晖总规划师（宁波市规划局）、汪军副教授（华东理工大学）等著名专家学者组成的专家评审委员会，给本课题成果提出了十分宝贵的建设性意见，我们根据专家意见进行了认真修改形成此书稿。感谢赵民教授（同济大学建筑与城市规划学院）、汪军副教授（华东理工大学）为成果的修改完善给予支持和帮助。

在此，特别感谢齐康院士热情洋溢地支持晚辈的学术研究，为本书作序。

本书在研究过程中数易其稿，可谓是凝聚了诸多人士的心血和汗水。值本书付梓出版之际，我们深表谢意。